Office 高级应用与 Python 综合案例实验指导

付 兵 吕明辉 何黎霞 主 编

熊守丽 胡文涛 王 腾 副主编

科学出版社

北 京

内 容 简 介

本书是与《Office 高级应用与 Python 综合案例教程》（付兵、蒋世华主编，科学出版社出版）配套的实验教材，包括 7 章，共 18 个实验项目。每个实验项目都明确了相关知识点、实验目的、实验要求和实验步骤。本书既可使学生通过实际操作掌握相关理论知识，又可提高学生应用 Office、Camtasia 和使用 Python 编程的能力。

本书按照应用型人才培养的需求编写，可作为"Office 高级应用""数据库基础""程序设计入门"等课程的实验教材，同时本书较大篇幅引入了课件设计、微视频制作案例，也适合作为师范类学生"现代教育技术"课程的实验教材。

图书在版编目（CIP）数据

Office 高级应用与 Python 综合案例实验指导 / 付兵，冈明辉，何黎霞主编. —北京：科学出版社，2020.1
ISBN 978-7-03-063205-0

Ⅰ. ①O… Ⅱ. ①付… ②冈… ③何… Ⅲ. ①办公自动化－应用软件－高等学校－教材 ②软件工具－程序设计－高等学校－教材 Ⅳ. ①TP317.1 ②TP311.561

中国版本图书馆 CIP 数据核字（2019）第 249374 号

责任编辑：戴 薇 吴超莉 / 责任校对：王 颖
责任印制：吕春珉 / 封面设计：东方人华平面设计部

科学出版社出版
北京东黄城根北街 16 号
邮政编码：100717
http://www.sciencep.com
北京中科印刷有限公司 印刷
科学出版社发行 各地新华书店经销
*
2020 年 1 月第 一 版 开本：787×1092 1/16
2023 年 1 月第三次印刷 印张：9 3/4
字数：228 000
定价：27.00 元
（如有印装质量问题，我社负责调换〈中科〉）
销售部电话 010-62136230 编辑部电话 010-62135763-2015

前　　言

随着社会经济的发展，现代信息技术逐渐改变着人们的工作和生活方式。科教兴国、人才强国和创新驱动等国家发展战略，对高校教材建设提出了更高的要求。我们结合应用型本科教学经验，参阅国内外优秀教材，为使学生掌握办公自动化软件高级应用的技能，了解 Python 程序基础知识，综合运用办公自动化软件分析和解决实际问题而编写了本书。

本书围绕高等学校培养应用型人才的目标进行组织，在内容设计上采用以实现项目任务为主，每个实验项目分为相关知识点、实验目的、实验要求和实验步骤 4 个部分。本书实验项目的选择切合人们的工作和生活，且操作步骤详细，使学生能够迅速掌握相关知识与技能。

本书的创新之处：

1）精心设计实验项目，将需要学习的理论知识系统地融合其中，并通过实践操作巩固提高。

2）精选适合程序设计零基础学生的 Python 入门实验项目。

3）通过简单的证券交易数据管理，用 Python 程序自动操作 Excel 和 Access，实现 Python 与 Office 的综合应用。

本书包括 7 章，共 18 个实验项目，部分实验项目由全国计算机等级考试（二级）MS Office 高级应用的题目改编而成。

本书编者均为长期在教学一线从事计算机基础课程教学与教育研究的教师。本书内容的深度和广度符合教育部高等学校非计算机专业计算机课程教学指导分委员会制定的关于"大学计算机基础"课程的教学基本要求。在使用本书进行教学时，教师可根据学生的专业特点、实际水平及学时安排选择实验内容，以满足不同层次学生的学习需要。

本书由付兵、吕明辉、何黎霞担任主编，熊守丽、胡文涛、王腾担任副主编，张立新、蒋世华、郑静、刘晓明参与编写。具体分工如下：吕明辉、张立新编写第 1 章，何黎霞、熊守丽编写第 2 章，蒋世华、胡文涛、郑静编写第 3 章，胡文涛编写第 4 章，付兵编写第 5 章，刘晓明、王腾编写第 6 章，付兵、王腾编写第 7 章。付兵、吕明辉、何黎霞负责统稿、定稿，并设计全书结构与整体内容。

为便于开展教学，编者可为选用本书的教师提供各实验项目的素材等相关教学资料，联系邮箱：fffbbb163@163.com。

由于 Office、Camtasia Studio 与 Python 应用范围广、发展迅速，本书在内容取舍与阐述上难免存在不足，恳请广大读者批评指正。

编　者

2019 年 8 月

目　录

第 1 章

Word 2016 高级应用

实验项目 1.1　《大学计算机基础》教材编排

相关知识点

1）一本具有专业水准的教材，除了要有充实的内容、合适的素材外，还要有符合学生阅读习惯的、具有一定特色的版面设计。

2）在书籍制作过程中，书籍中的许多文档对象必须使用相同的字体、段落、边框等格式，如文章标题、章节标题、正文内容等。如果采用手工格式化操作的方式来对书籍中这些繁杂而又相同的文档对象进行重复操作，不仅操作烦琐，而且容易出错，甚至会导致文档对象格式的不一致。样式是书籍制作的核心，正确设置样式可以极大地提高工作效率。掌握新建、修改及应用样式的方法，在文档格式排版中可以达到事半功倍的效果。

3）分节符是指为表示节的结尾插入的标记。分节符包含节的格式设置元素，如页边距、页面的方向、页眉和页脚，以及页码的顺序。分节符用一条横贯页面的双虚线表示。当前后页纸张大小、纸张方向、页码格式等不同时，需要考虑分节。插入分节符后，一般在大纲视图或草稿视图中才可看到分节符，因此删除分节符也需在大纲视图中进行。

4）"域"的意思是范围，而 Word 中域代表一种特殊命令，它由花括号、域名（域代码）及选项开关构成。域代码类似于公式。每个 Word 域都有一个唯一的名称，但可以有不同的取值。用 Word 排版时，若能熟练使用域功能，可增强排版的灵活性，减少许多烦琐的重复操作，提高工作效率。Word 中所有自动化的部分（如目录、页码、项目编号等）都是利用域来完成的。

5）页眉是文档中每个页面的顶部区域，常用于显示文档的附加信息，可以插入时间、图形、公司徽标、文档标题、文件名或作者姓名等。编辑页眉和文档中节的设置密不可分，即使文档分节后，前后节页眉也是链接在一起的，即设置某一个节的页眉，会影响其他节的页眉。因此，若要使前后节之间互不影响，应在修改下一节内容之前在"页眉和页脚工具-设计"选项卡中取消"链接到前一条页眉"的选中。

6）不同节的页码格式需要分别设置，并应根据需要选择起始页码是"从 1 开始"还是"续前节"。

7）编排好一本书籍后，其目录一般采用自动生成的方法制作。

实验目的

1）掌握页面设置的方法。

2）掌握样式的新建、修改及应用样式的方法。

3）理解分节的含义，能够根据实际情况采用不同的分节方式。

4）掌握为不同节设置页眉和页码的方法。

5）掌握生成目录的方法。

实验要求

对《大学计算机基础》教材进行编排，请根据素材文件夹下的"《大学计算机基础》初稿.docx"与相关图片文件素材，完成编排任务，要求如下：

1）按下列要求进行页面设置。纸张大小为 16 开，对称页边距，上边距为 2.5 厘米、下边距为 2 厘米，内侧边距为 2.5 厘米、外侧边距为 2 厘米，装订线为 1 厘米，页脚距边界为 1.0 厘米，设置每页行数为 36 行。

2）在"前言"之前，插入"花丝型"封面，并在标题处输入"大学计算机基础"，在副标题处输入"王小华 主编"，删除"日期"和"作者"控件，适当调整标题和副标题的字号、字体，调整文本框的大小。

3）将封面、前言、目录、教材正文的每一章、参考文献均设置为 Word 文档中的独立一节。

4）将教材的所有章节标题均设置为单倍行距，段前、段后间距 0.5 行。其他格式要求为章标题（如"第 1 章绪论"）设置为"标题 1"样式，字体为二号、黑体，居中对齐；节标题（如"1.1 计算机的产生和发展"）设置为"标题 2"样式，字体为三号、黑体，居中对齐；小节标题（如"1.1.1 计算机的发展"）设置为"标题 3"样式，字体为小四号、黑体。前言、目录、参考文献的标题参照章标题设置。除此之外，其他正文字体设置为宋体、五号，段落格式为单倍行距，首行缩进 2 字符。

5）为文档设置页眉，编排要求：封面、前言和目录不设置页眉，正文部分设置页眉，且奇数页以章名称为页眉，偶数页以书名"大学计算机基础"为页眉。

6）为文档添加页码，编排要求：封面、前言无页码，目录页码采用小写罗马数字，正文和参考文献页码采用阿拉伯数字。正文的每一章以奇数页的形式开始编码，第一章的第一页页码为 1，之后章节的页码编号续前节编号，参考文献续正文页码编号。奇数页页码右对齐，偶数页页码左对齐。

7）在目录的标题下方，自动生成本教材的目录，含三级标题。

8）将文档另存为 PDF 类型的文件，以"大学计算机基础.pdf"为名进行保存。

实验步骤

步骤 1：进行页面设置。

打开"《大学计算机基础》初稿.docx"文档，单击"布局" | "页面设置" | 对话框启动器按钮 ，弹出"页面设置"对话框，如图 1-1 所示。切换到"纸张"选项卡，将纸张大小设置为 16 开。切换到"页边距"选项卡，在"页码范围"组的"多页"下拉列表框

中选择"对称页边距"选项，然后将"页边距"组的"内侧""外侧""上""下"数值框分别设置为 2.5 厘米、2 厘米、2.5 厘米、2 厘米，"装订线"数值框设置为 1 厘米。切换到"版式"选项卡，将"距边界"组中的"页脚"数值框设置为 1 厘米。切换到"文档网格"选项卡，点选"只指定行网格"单选按钮，将"行数"组中的"每页"数值框设置为 36，单击"确定"按钮。

步骤 2：插入并美化封面。

1）将光标定位到"前言"2 字之前，单击"插入"｜"页面"｜"封面"下拉按钮，在弹出的下拉菜单中选择"花丝"选项，在前言页之前插入封面页。

2）在文档标题占位符中输入书名"大学计算机基础"，在文档副标题处输入"王小华 主编"；分别右击"日期""公司名称""公司地址"占位符控件，在弹出的快捷菜单中选择"删除内容控件"命令。选中文本框中的文字，设置合适的字体、字号，并调整文本框的大小，效果如图 1-2 所示。

图 1-1   "页面设置"对话框

图 1-2   封面效果

步骤 3：将文档分节。

实验要求 6）中有"正文的每一章以奇数页的形式开始编码"的要求。该要求决定了正文中各章之间的分节符类型是奇数页，而封面与前言、前言与目录、目录和正文的第一章、正文最后一章与参考文献之间的分节符类型是下一页。文档分节要求如图 1-3 所示。

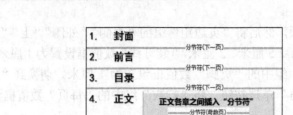

图 1-3　文档分节要求

　　1）将光标定位到"前言"2字之前，单击"布局"｜"页面设置"｜"分隔符"下拉按钮，在弹出的下拉菜单中选择"下一页"命令，插入分节符。

　　2）将光标定位到"目录"2字之前，采用1）中的方法插入分节符。

　　3）将光标定位到正文"第1章"文字之前，采用步骤1）中的方法插入分节符。

　　4）将光标定位到正文"第2章"文字之前，单击"布局"｜"页面设置"｜"分隔符"下拉按钮，在弹出的下拉菜单中选择"奇数页"命令，插入分节符。

　　5）采用步骤4）中的方法，依次在各章之间插入"奇数页"分节符。

　　步骤4：利用样式设置文本格式。

　　1）新建正文样式。

　　单击"开始"｜"样式"｜对话框启动器按钮，弹出"样式"任务窗格，如图1-4（a）所示。单击"新建样式"按钮，弹出"根据格式设置创建新样式"对话框。名称设置为正文样式，样式基准设置为正文，字体格式设置为宋体、五号，如图1-4（b）所示；单击"格式"下拉按钮，在弹出的下拉菜单中选择"段落"命令，在弹出的"段落"对话框中设置特殊格式为首行缩进2字符，行间距为单倍行距。

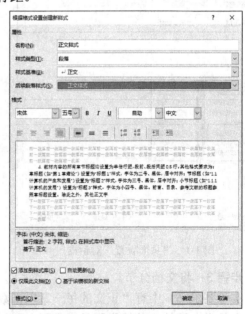

（a）"样式"任务窗格　　　　　　　　（b）"根据格式设置创建新样式"对话框

图 1-4　创建正文样式

2）修改"标题 1""标题 2""标题 3"的样式。

右击"样式库"列表中的"标题 1"，在弹出的快捷菜单中选择"修改"命令，弹出"修改样式"对话框，将字体改为黑体、二号，单击"格式"下拉按钮，在弹出的下拉菜单中选择"段落"命令，在弹出的"段落"对话框中设置段前间距和段后间距为 0.5 行，行间距为单倍行距，居中对齐。

依照上述方法，将"标题 2"样式修改为三号、黑体、居中对齐，单倍行距，段前、段后间距均为 0.5 行。

打开"样式"任务窗格，单击"标题 3"样式后的下拉按钮，在弹出的下拉菜单中选择"修改"命令，弹出"修改样式"对话框，将"标题 3"样式修改为小四号、黑体，单倍行距，段前、段后间距均为 0.5 行。

3）应用样式。

选中文本"第 1 章绪论"，单击"样式库"列表中的"标题 1"样式。利用格式刷或重复上述步骤对各章标题应用"标题 1"样式。

采用同样的方法，分别对二级标题、三级标题应用"标题 2""标题 3"样式。

选中正文文本的任意一行，右击，在弹出的快捷菜单中选择"样式"|"选择格式相似的文本"命令，此时文中所有正文文字都会被选中。然后单击"样式库"列表中的"正文样式"样式。

4）设置前言、目录和参考文献的标题格式。

在目录中一般不能出现前言、目录的页码，但会列出参考文献的页码，因此前言和目录不能使用"标题 1"样式，参考文献使用"标题 1"样式。

分别选中"前言"和"目录"2 字，将字体设置为黑体、二号、单倍行距、段前和段后间距均为 0.5 行。

选中"参考文献"4 字，为其应用"样式库"列表中的"标题 1"样式。

步骤 5：设置页眉。

在步骤 3 中已经对书稿进行了分节操作，正文的"第 1 章 绪论"部分是书稿的第 4 节。

1）双击"第 1 章 绪论"的页眉部分，进入页眉和页脚编辑状态。在"页眉和页脚工具-设计"选项卡的"选项"组中取消"首页不同"复选框的勾选，勾选"奇偶页不同"复选框。

2）由于前期插入了封面，自动设置了"首页不同"，并将页码的默认起始数设置为从 0 开始，此时正文的第 1 页显示的可能是偶数页页眉，后期添加页码后会自动更新。在偶数页页眉区域，单击"链接到前一条页眉"按钮取消链接，在页眉区输入"大学计算机基础"。取消链接前后如图 1-5 和图 1-6 所示。

图 1-5　取消链接前

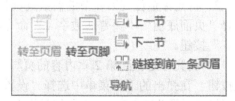

图 1-6　取消链接后

3）在奇数页页眉区域，单击"链接到前一条页眉"按钮取消链接。单击"插入"|"文本"|"文档部件"下拉按钮，在弹出的下拉菜单中选择"域"命令，弹出"域"对话框，如图 1-7 所示。

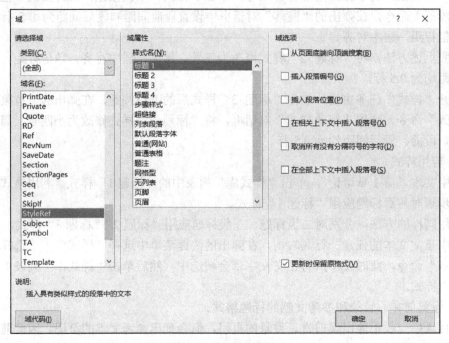

图 1-7 "域"对话框

4）在"类别"下拉列表框中选择"链接和引用"选项，在"域名"列表框中选择"StyleRef"选项，在"域属性"的"样式名"列表框中选择"标题 1"选项，单击"确定"按钮。

5）依次取消各章节页眉部分"首页不同"复选框的勾选，会观察到各章节奇偶页的页眉已经符合要求。

步骤 6：设置正文部分页码。

由于目录和正文部分页码格式不同，需要将目录页与正文部分之间节的链接取消。

1）将光标定位到第 1 章内容的页脚部分（即第 4 节的偶数页页脚），单击"链接到前一条页眉"按钮取消链接。单击"页码"下拉按钮，在弹出的下拉菜单中选择"设置页码格式"命令，弹出"页码格式"对话框，将编码格式设置为 1,2,3,…，起始页码设置为 1，单击"确定"按钮。然后单击"页码"下拉按钮，在弹出的下拉菜单中选择"页面底端"|"普通数字 2"命令。此时，页面的标志由"偶数页页脚"自动变成了"奇数页页脚"。完成为奇数页添加页码。选中页码，单击"右对齐"按钮。

2）将光标定位到第 4 节的偶数页页脚，单击"页码"下拉按钮，在弹出的下拉菜单中选择"页面底端"|"普通数字 2"命令，完成对偶数页添加页码。选中页码，单击"左对齐"按钮。

3）将光标定位到第 2 章内容的页脚部分（即第 5 节的偶数页页脚），单击"页码"下拉按钮，在弹出的下拉菜单中选择"设置页码格式"命令，弹出"页码格式"对话框，将编码格式设置为 1,2,3,…，页码编号设置为续前节，单击"确定"按钮。然后在页面底端插入页码。

4）重复 3）的步骤为其他章节设置正确的页码。

步骤 7：设置目录部分页码。

由于封面和前言不需要设置页码，需要将前言与目录之间节的链接取消。

将光标定位到目录内容的页脚部分（即第 3 节的偶数页页脚），单击"链接到前一条页眉"按钮取消链接。单击"页码"下拉按钮，在弹出的下拉菜单中选择"设置页码格式"命令，弹出"页码格式"对话框，将编码格式设置为 i,ii,iii…，起始页码设置为 i，单击"确定"按钮。然后单击"页码"下拉按钮，在弹出的下拉菜单中选择"页面底端"｜"普通数字 2"命令。此时页面的标志由偶数页页脚自动变成了奇数页页脚。完成了为奇数页添加页码。

步骤 8：生成目录。

1）将光标定位到目录页，单击"引用"｜"目录"｜"目录"下拉按钮，在弹出的下拉菜单中选择"自定义目录"命令，弹出"目录"对话框，如图 1-8 所示。

2）将显示级别设置为 3，然后单击"确定"按钮。在目录页插入图 1-9 所示的目录。

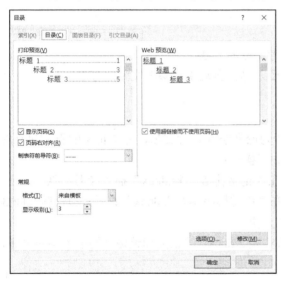

图 1-8　"目录"对话框

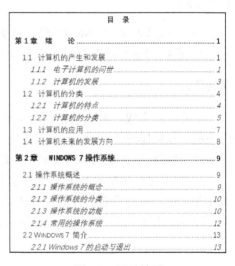

图 1-9　目录效果

请学生观察各章标题的页码是否都是奇数？若否，需要考虑分节类型和页码的设置是否正确。

步骤 9：保存为 PDF 文件。

选择"文件"｜"另存为"命令，打开"另存为"面板，选择"浏览"选项，弹出"另存为"对话框，将保存类型设置为 PDF，输入文件名，单击"保存"按钮。

实验项目 1.2　为论文添加参考文献

相关知识点

1）参考文献是在学术研究过程中，所参考或借鉴的某一著作。征引过的文献在注释中已注明，不再出现于文后参考文献中。引用参考文献是论文作者的权利，而著录参考文献是其法律义务，引用了他人的资料又不列出参考文献，会被认为是抄袭或剽窃行为。参考文献反映论文作者的科学态度，以及研究者的研究基础，能为读者深入探讨某些问题提供有关文献的线索，帮助其查阅原始文献、进一步研读作者引用的内容，以求证自己的观点，并满足自己的需求。

2）如何在 Word 中自动插入参考文献，并在参考文献列表发生变化时，使正文中对照的编号能自动发生相应的改变？可以使用"引用"选项卡中的"管理源"、"插入引文"和"书目"按钮实现，也可以使用交叉引用编号项来实现，还可以通过将尾注转换为参考文献的方法来实现。但是，上述每种方法都有各自的优点和缺点，如"书目"按钮是 Word 提供的自动插入参考文献书目的工具，但其提供的格式可能与标准参考文献格式有所不同；交叉引用编号项比较方便，但只适合少量的参考文献书目；由于尾注一般在文档的末尾，将尾注转换为参考文献的方法适用于参考文献之后没有其他内容的场合。当然，也可以结合"书签"将末尾的"尾注"引入其他位置，但这样操作会比交叉引用编号项的操作烦琐。

实验目的

1）掌握插入尾注，并将尾注转换为参考文献的方法。

2）掌握创建书目管理源、插入引文及插入书目自动生成参考文献的方法。

实验要求

论文已经完成，但未设置参考文献，请为论文插入参考文献，并与正文的引文建立对应关系，效果如图 1-10 所示。按要求完成如下操作：

1）利用尾注转换为参考文献的方法，在"论文排版实验.docx"插入参考文献。

2）利用尾注转换为参考文献的方法，在"论文排版实验 2.docx"的正文和致谢之间插入参考文献，并将致谢部分的内容放到新的一页。

3）利用创建书目的方法，在"论文排版实验 2.docx"的正文和致谢之间插入参考文献。

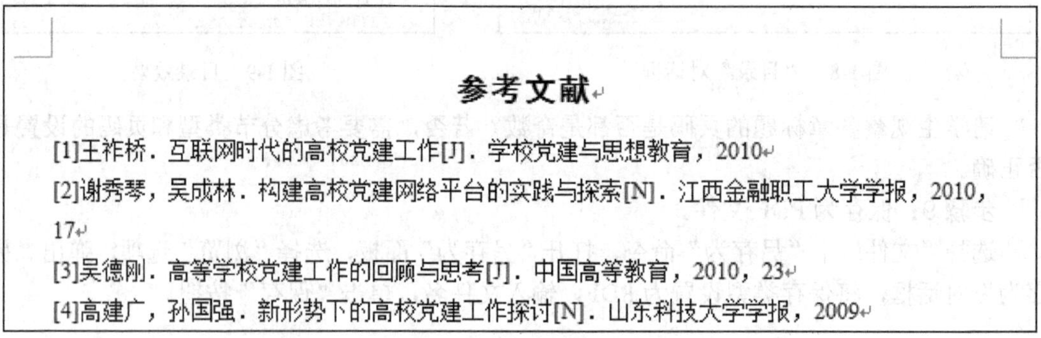

图 1-10　参考文献效果

实验步骤

步骤 1：将尾注转换为参考文献。

1）打开"论文排版实验.docx"，单击"引用"｜"脚注"｜对话框启动器按钮，弹出"脚注和尾注"对话框，如图 1-11 所示。点选"尾注"单选按钮，在其后的下拉列表框中选择"文档结尾"选项，将编号格式设置为 1,2,3,…，单击"插入"按钮，返回正文。

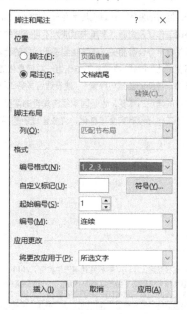

图 1-11　"脚注和尾注"对话框

2）将光标定位到第一段第一句文字（"……技术在日益成熟"）的末尾，单击"引用"|"插入尾注"按钮，此时光标跳转到文档的末尾，等待输入尾注内容。输入注释内容"王祚桥.互联网时代的高校党建工作[J].学校党建与思想教育，2010"，如图 1-12 所示。

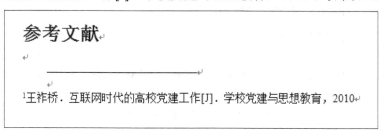

图 1-12　尾注效果

3）根据样文的效果，重复步骤 2）依次插入其他尾注。效果如图 1-13 所示。由图 1-13 可以发现，所有编号格式采用的是上标形式，编号格式缺失"[]"；参考文献和正文在同一页中，并且尾注上方有一条横线。

4）利用替换方法，修改编号的格式。单击"开始"|"编辑"|"替换"按钮（或使用快捷键 Ctrl+H），弹出"查找和替换"对话框，在"替换"选项卡的"查找内容"文本框中输入尾注的符号"^e"，在"替换为"文本框中输入"[^&]"，如图 1-14 所示。尾注和数字的符号也可以通过单击"更多"按钮，在展开的对话框中单击"特殊格式"下拉按钮，在弹出的下拉菜单中选择相应符号来插入。单击"全部替换"按钮，完成替换。此时，正文和参考文献中的编号，均已经自动添加了"[ ]"，但参考文献列表编号仍是上标状态。

1.1 选题背景

随着社会的进步，经济的发展，计算机技术在日益成熟[1]，Internet 普及，人们利用网络来实现相互协调工作以及资源共享越来越成为不可扭转的趋势，很多党政部门以及企事业单位已经将日常办公等相关工作移植到基于网络的计算机平台。

在信息化技术高度发达的时代，将党务工作作为一项信息化建设目标来抓是在网络时代推动党建工作的一种新的尝试与探索[2]。建设适合党务工作实际需要的党员信息管理系统是新时代党的建设的需要，也是国家经济建设的需要。

目前许多高校党务工作还没有完全信息化，许多管理还是手工模式[3]。然而高等

......

7 结束语

略

参考文献

[1]王祚桥. 互联网时代的高校党建工作[J]. 学校党建与思想教育，2010

[2]谢秀琴，吴成林. 构建高校党建网络平台的实践与探索[N]. 江西金融职工大学学报，2010，17

[3]吴德刚. 高等学校党建工作的回顾与思考[J]. 中国高等教育，2010，23

[4]高建广，孙国强. 新形势下的高校党建工作探讨[N]. 山东科技大学学报，2009

图 1-13 正文和尾注对应效果

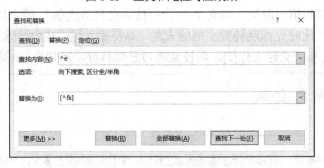

图 1-14 "查找和替换"对话框

5）选中参考文献列表中的所有文本，单击"开始"|"字体"|"上标"按钮（或使用快捷键 Ctrl+Shift+=），取消上标状态。

6）取消尾注上方的横线。在页面视图下，尾注上方的横线无法选择。单击"视图"|"视图"|"大纲视图"（或"草稿"）按钮，切换到大纲视图（或草稿视图）。

7）单击"引用"|"脚注"|"显示备注"按钮，打开尾注备注窗格，如图 1-15 所示。

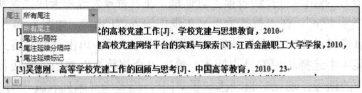

图 1-15 尾注备注窗格

8）选择"尾注"下拉列表框中的"尾注分隔符"选项，光标自动定位到横线前（图 1-16），按 Delete 键删除横线。继续按 Delete 键，删除后续的段落标记。

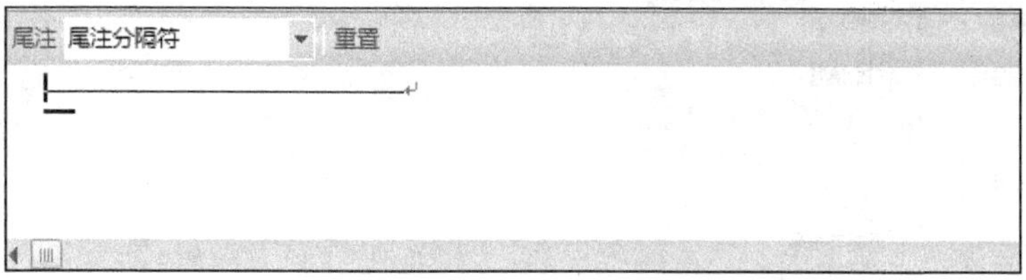

图 1-16 光标定位到横线前

9）关闭大纲视图，返回页面视图。

删除正文中的尾注标记[2]，发现正文和参考文献列表的编号自动发生变化。若在正文尾注标号[2]和[3]之间插入新的尾注信息，会发现编号格式不对，如图 1-17 所示，需要重复步骤4）和5），修改编号格式。

[1]王祚桥．互联网时代的高校党建工作[J]．学校党建与思想教育，2010↵
[2]吴德刚．高等学校党建工作的回顾与思考[J]．中国高等教育，2010，23↵
3 ↵
[4]高建广，孙国强．新形势下的高校党建工作探讨[N]．山东科技大学学报，2009↵

图 1-17 插入尾注后参考文献效果

步骤 2：在"论文排版实验 2.docx"的正文和致谢之间插入参考文献。

经过对比发现，"论文排版实验.docx"和"论文排版实验 2.docx"之间的区别只是"论文排版实验 2.docx"文档最后多了致谢部分。

由步骤 1 可知，默认情况下尾注一般在文档的末尾，现在需要将尾注放到致谢之前，因此需要改变尾注的位置。

1）打开"论文排版实验 2.docx"，将光标定位到"致谢"2 字的前面，单击"布局"｜"页面设置"｜"分隔符"下拉按钮，在弹出的下拉菜单中选择"下一页"命令，插入分节符。此时文档被分为 2 节。

2）单击正文部分的任何位置（如第一章的标题），使光标处于第 1 节。单击"引用"｜"脚注"｜对话框启动器按钮，弹出"脚注和尾注"对话框。将尾注位置设置为节的结尾，编号格式设置为 1,2,3,…，将更改应用于本节，如图 1-18 所示，单击"插入"按钮，返回正文。

3）采取步骤 1 中从 2）开始的方法，插入尾注、替换编号、修改编号格式、删除尾注横线等步骤，完成参考文献的插入。

步骤 3：利用创建书目的方法插入参考文献。

书目是在创建文档时参考或引用源的列表，通常位于文档末尾。在 Word 2016 中，可以根据用户为该文档提供的源信息自动生成书目。利用"引用"｜"引文与书目"｜"管理源"、"插入引文"、"样式"和"书目"按钮，如图 1-19 所示，可以插入参考文献。

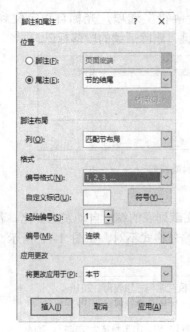

图 1-18 "脚注和尾注"对话框的设置   图 1-19 "引文与书目"组

1）创建管理源。单击"引用"｜"引文与书目"｜"管理源"按钮，弹出"源管理器"对话框，如图 1-20 所示。

2）若已经有现成的源文件，可以单击"浏览"按钮导入文件。单击"新建"按钮，弹出"创建源"对话框，如图 1-21 所示。在"源类型"下拉列表框中选择源的类型，如书籍、杂志、期刊、网站等，然后依次输入其他项目的内容。单击"确定"按钮，完成一条源记录的输入。

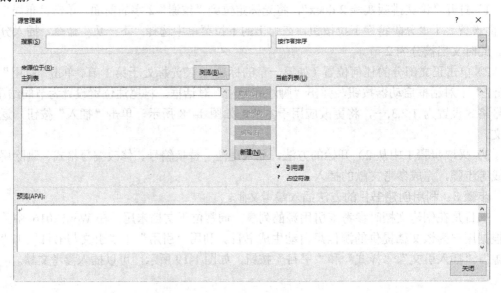

图 1-20 "源管理器"对话框

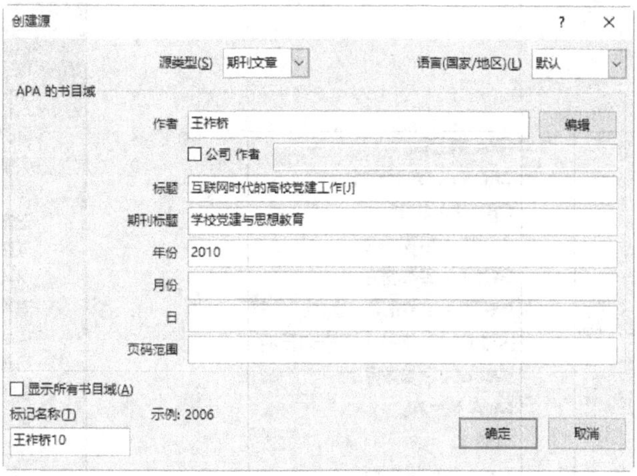

图 1-21　"创建源"对话框

3）根据参考文献效果图（图 1-10）输入其他源，最终效果如图 1-22 所示。在"源管理器"对话框中按标题、年份、作者、标记排序查看所有源，也可以选择某条源记录后进行编辑、删除。

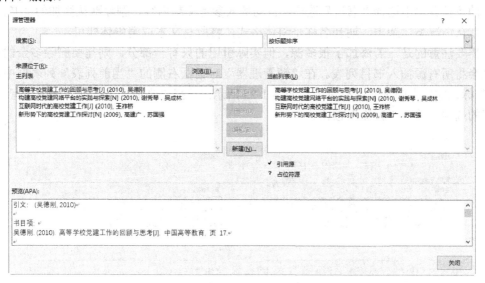

图 1-22　"源管理器"对话框最终效果

4）设置引文样式。在 Word 2016 中提供了多种引文样式，如图 1-23（a）所示。社会科学类文档的引文和源通常使用 MLA 或 APA 样式。

5）在正文中插入引文。将光标定位到第一段第一句文字（"……技术在日益成熟"）的末尾，单击"插入引文"下拉按钮，弹出"插入引文"下拉菜单，如图 1-24 所示。选择第 2 条内容，在第一句的末尾出现引文标记"[1]"。IEEE 引用样式的方括号通常要放在右上角，因此需要将"[1]"设置为上标。采用同样方法，插入其他引文。

（a）"样式"下拉列表框　（b）选择"IEEE-Reference Order"选项

图 1-23　引文样式　　　　　　　　图 1-24　"插入引文"下拉菜单

6）插入参考文献列表。将光标定位到参考文献标题之后，单击"书目"下拉按钮，在弹出的下拉菜单中选择"书目"选项，自动插入参考文献内容，删除默认添加的"书目"2字。默认情况下，杂志、期刊名称是斜体格式，将所有文本取消斜体即可。

需要注意的是，若添加了很多源，但实际引用的只有一部分，则需要删除多余的源，否则会将所有源插入书目列表。在"源管理器"对话框右侧的"当前列表"列表框中，有"√"标记的，表明正文中有引用，如图 1-25 所示。选择"当前列表"列表框中没有"√"标记的选项，单击"删除"按钮。

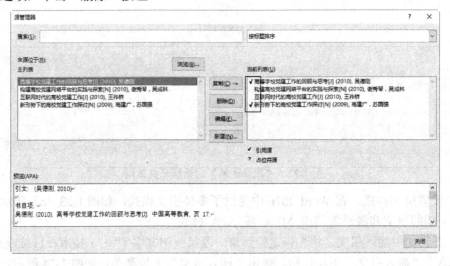

图 1-25　正文引用后效果

7）当源的位置发生变化或源的信息发生变化时，只需单击框架上方的"更新引文和书目"按钮，如图 1-26 所示，即可更新书目列表。

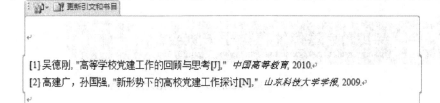

图 1-26 更新引文和书目

实验项目 1.3 制作邀请函

相关知识点

1）主文档的创建。主文档是创建输出内容的模板，它包含基本的文本内容、图片、表格等信息，这些内容在所有合并文档中都是相同的，如邀请函的标题、主体内容和落款等。

2）数据源的使用。数据源是一个数据列表，包含将要合并到主文档中的所有数据，通常保存了姓名、班级、地址、电话等各种数据字段。Word 2016 的邮件合并功能支持多种数据源，如 Excel 工作表、Outlook 联系人、Access 数据库等。

3）使用域。域是一段特殊的代码，Word 2016 中所有自动化的部分（如目录、页码、项目编号等）都是利用域来完成的。邀请函中的姓名、学号、班级等重复信息均可以使用域合并完成。

4）文档的合并完成。邮件合并后最后结果包含所有要求的内容，其中使用域的部分会根据收件人的不同而变化。

实验目的

1）掌握页面设置的方法。
2）掌握数据源的使用方法。
3）掌握邮件合并的使用方法。
4）掌握域的使用方法。

实验要求

2019 北京国际消费电子博览会，简称 3E，是由振威展览股份、中国电子企业协会共同主办的消费电子领域盛会。3E·北京国际消费电子博览会是集科技生活产品交易（electronic）、互动娱乐体验（entertainment）、创意产业孵化（economic）为一体的一站式娱乐、消费、采购平台。

组委会的工作人员需要制作一批邀请函，要邀请的人员名单见"大会邀请人员名单.xlsx"，大会定于 2019 年 8 月 2～4 日在北京国家会议中心举行。邀请函的样式参见图 1-27。

2019 北京国际消费电子博览会邀请函

尊敬的_____先生：

  2019 北京国际消费电子博览会[1]，简称"3E"，是由振威展览股份、中国电子企业协会共同主办的消费电子领域盛会。3E•北京国际消费电子博览会，是集科技生活产品交易（electronic）、互动娱乐体验（entertainment）、创意产业孵化（economic）为一体的，一站式娱乐、消费、采购平台。

  2019 北京国际消费电子博览会将于 2019 年 8 月 2～4 日，在中国•北京国家会议中心举办。同期展会有北京国际人工智能大会、北京国际智慧零售展览会。展出面积近 40000 平方米。除了产品展品展示，现场还将设置包括无人机表演、电子竞技的娱乐互动区域，直播平台新闻媒体区域等。

3E 北京国际消费电子博览会 组委会
2019 年 5 月 20 日

http://www.3eexpo.cn/

图 1-27　邀请函参考样式

请根据上述活动的描述，利用 Word 2016 制作一批邀请函，要求如下：

1）将"邀请函 Logo.png"图片插入第一行，并设置为圆角、左对齐，环绕方式为嵌入型。

2）输入邀请函标题"2019 北京国际消费电子博览会邀请函"，字体设置为黑体、小二号，居中对齐。

3）修改"尊敬的_____先生："文字的字体为黑体、三号、加粗，颜色为黑色，左对齐。

4）设置正文各段落行距为 1.25 倍行距，段后间距为 0.5 倍行距。设置正文首行缩进 2 字符。

5）落款和日期位置为右对齐，右侧缩进 3 字符。

6）落款为"3E 北京国际消费电子博览会 组委会；2019 年 5 月 20 日"。

7）设置页面高度为 27 厘米，宽度为 27 厘米，上、下页边距均为 3 厘米，左、右页边距均为 3 厘米。

8）将表 1-1 中的姓名信息自动填写到"邀请函"中"尊敬的"3 个字后面，并根据性别信息，在姓名后添加"先生"（性别为男）、"女士"（性别为女）。

表 1-1　人员名单

序号	姓名	性别
1	王小华	男
2	钱永康	男
3	王立青	女
4	孙英杰	女
5	张文莉	女
6	黄宏波	男

9）添加引用内容，在正文第一段的第一句话"2019 北京国际消费电子博览会"后插入脚注"http://www.3eexpo.cn/"。

10）将设计的主文档以文件名"邀请函文档.docx"保存，并将最终文档以文件名"2019 北京国际消费电子博览会邀请函.docx"保存。

实验步骤

步骤 1：设置标题图片。

1）新建一个空白文档，将"邀请函文字"素材中的文字复制到该文档。将光标定位到第一行，单击"插入"｜"插图"｜"图片"按钮，弹出"插入图片"对话框，选中"邀请函 Logo.png"图片，单击"插入"按钮。

2）选中图片，单击"开始"｜"段落"｜"左对齐"按钮，设置图片为左对齐。单击"图片工具-格式"｜"排列"｜"环绕文字"下拉按钮，在弹出的下拉菜单（图 1-28）中选择"嵌入型"命令。单击"大小"组中的"裁剪"下拉按钮，在弹出的下拉菜单（图 1-29）中选择"裁剪为形状"｜"圆角矩形"命令。

图 1-28 "环绕文字"下拉菜单   图 1-29 "裁剪"下拉菜单

步骤 2：设置标题图片。

在邀请函 Logo 的下一行输入"2019 北京国际消费电子博览会邀请函"，选中该文字，在"开始"选项卡"字体"组中设置字体为黑体、小二号。单击"段落"组中的"居中"按钮。

步骤 3：设置段落。

选中正文，单击"开始"｜"段落"｜对话框启动器按钮，弹出"段落"对话框。切换到"缩进和间距"选项卡，在"间距"组的"行距"下拉列表框中选择合适的行距，此处选择"多倍行距"选项，在"设置值"数值框中输入 1.25，在"段后"数值框中输入 0.5 行。在"缩进"组的"特殊格式"下拉列表框中选择"首行缩进"选项，在"缩进值"数值框中输入 2 字符，单击"确定"按钮，如图 1-30 所示。

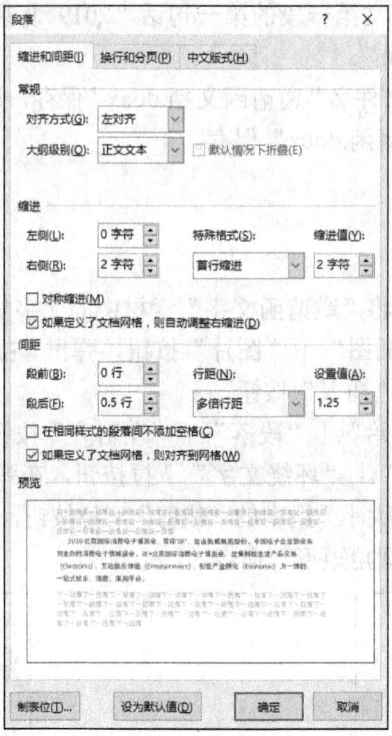

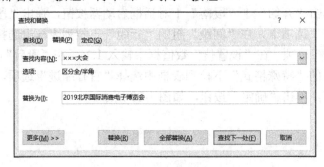

图 1-30　段落设置

步骤 4：设置落款和日期。

选中落款和日期内容，单击"开始"｜"段落"｜对话框启动器按钮，弹出"段落"对话框。在"常规"组的"对齐方式"下拉列表框中选择"右对齐"选项，在"缩进"组中的"右侧"数值框中输入 3 字符，单击"确定"按钮，完成设置。

步骤 5：替换内容。

1）选中"×××大会"，单击"开始"｜"编辑"｜"替换"按钮，弹出"查找和替换"对话框。

2）在"查找内容"文本框中输入"×××大会"，在"替换"文本框中输入"2019 北京国际消费电子博览会"，如图 1-31 所示。

3）单击"全部替换"按钮，再单击"关闭"按钮。

图 1-31　查找和替换设置

步骤 6：页面设置。

1）根据题目要求，调整文档版面。单击"布局"｜"页面设置"｜对话框启动器按钮，弹出"页面设置"对话框，在"纸张"选项卡中设置高度和宽度。此处设置高度和宽度都为 27 厘米，设置完毕后，单击"确定"按钮。

2）打开"页面设置"对话框，选择"页边距"选项卡，根据题目要求设置"上""下"数值框都为 3 厘米，"左""右"数值框也都为 3 厘米，设置完毕后，单击"确定"按钮，如图 1-32 所示。

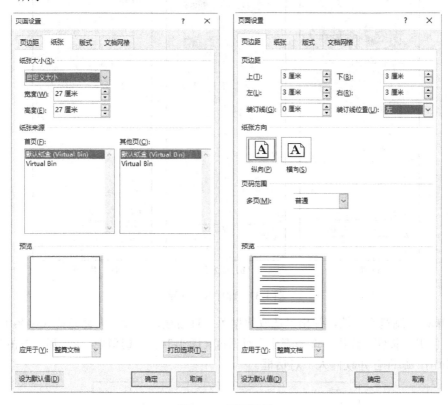

图 1-32   页面设置

步骤 7：邮件合并。

1）将光标定位到文中"尊敬的"之后。单击"邮件"｜"开始邮件合并"｜"开始邮件合并"下拉按钮，在弹出的下拉菜单中选择"邮件合并分步向导"命令，弹出"邮件合并"任务窗格，进入"邮件合并分步向导"的第 1 步。

2）在"选择文档类型"中选择一个希望创建的输出文档的类型，此处点选"信函"单选按钮，如图 1-33（a）所示。

3）单击"下一步：开始文档"链接，进入"邮件合并分步向导"的第 2 步，在"选择开始文档"组中点选"使用当前文档"单选按钮，以当前文档作为邮件合并的主文档，如图 1-33（b）所示。

4）单击"下一步：选择收件人"链接，进入"邮件合并分步向导"的第 3 步，在"选择收件人"组中点选"使用现有列表"单选按钮，如图 1-33（c）所示。

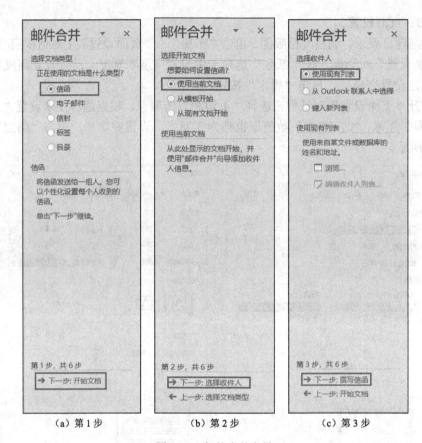

| （a）第1步 | （b）第2步 | （c）第3步 |

图 1-33　邮件合并向导

5）单击"浏览"链接，弹出"选取数据源"对话框，选择"大会邀请人员名单"文件后单击"打开"按钮，弹出"选择表格"对话框（图 1-34），选择默认选项后，单击"确定"按钮，弹出"邮件合并收件人"对话框。

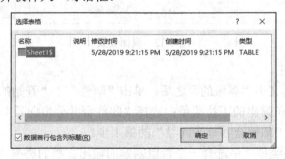

图 1-34　"选择表格"对话框

6）单击"确定"按钮，完成现有工作表的链接工作。

7）选择收件人的列表之后，单击"下一步：撰写信函"链接，进入"邮件合并分步向导"的第 4 步。在"撰写信函"组中单击"其他项目"链接，弹出"插入合并域"对话框。

8）在"域"列表框中，按照题目要求选择"姓名"域，单击"插入"按钮。插入完所需的域后，单击"关闭"按钮。文档中的相应位置就会出现已插入的域标记。

9）单击"邮件"｜"编写和插入域"｜"规则"下拉按钮，在弹出的下拉菜单中选择"如果…那么…否则…"命令，如图 1-35 所示，弹出"插入 Word 域：IF"对话框。

10）在"域名"下拉列表框中选择"性别"选项，在"比较条件"下拉列表框中选择"等于"选项，在"比较对象"文本框中输入"男"，在"则插入此文字"文本框中输入"先生"，在"否则插入此文字"文本框中输入"女士"，如图 1-36 所示。设置完毕后，单击"确定"按钮。

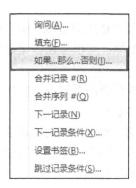

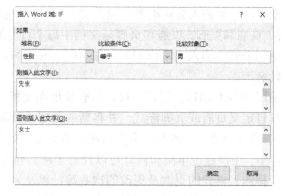

图 1-35　选择所需规则　　　　　　　　　图 1-36　编写规则

11）在"邮件合并"任务窗格中，单击"下一步：预览信函"链接，进入"邮件合并分步向导"的第 5 步。在"预览信函"组中，单击"<<"或">>""按钮，查看具有不同邀请人姓名和称谓的信函。

12）预览并处理输出文档后，单击"下一步：完成合并"链接，进入"邮件合并分步向导"的最后一步。此处单击"编辑单个信函"链接，弹出"合并到新文档"对话框。

13）在"合并记录"组中，点选"全部"单选按钮。最后单击"确定"按钮，Word 就会将存储的收件人信息自动添加到请柬的正文中，并合并生成一个新文档。

步骤 8： 设置脚注。

将光标定位到第一段的第一句话"2019 北京国际消费电子博览会"之后，单击"引用"｜"脚注"｜"插入脚注"按钮，即可在光标处显示脚注样式。在光标闪烁的位置输入 http://www.3eexpo.cn/，完成设置。

步骤 9： 文件另存为。

1）选择"文件"｜"另存为"命令，打开"另存为"面板，选择"浏览"选项，弹出"另存为"对话框，将设计的主文档以文件名"邀请函文档.docx"保存。

2）选择"文件"｜"另存为"命令，打开"另存为"面板，选择"浏览"选项，弹出"另存为"对话框，将生成的最终文档以文件名"2019 北京国际消费电子博览会邀请函.docx"保存。

实验项目 1.4　制作办公公文

相关知识点

1）模板的使用。在实际工作中经常使用 Word 创建各种类型的文件，每一种文件都有相应的格式规范，每次编辑相同类型的文件时都需要调整格式，这样会做过多的重复工作；如果使用相对应的文件模板，那么编辑单个文件时调整的格式就相对少了很多，省时又省力。

Word 2016 允许用户自定义 Word 模板，以适合实际工作的需要。用户可以将自定义的 Word 模板保存在"我的模板"文件夹中，以便随时使用。

2）水印的使用。为文档中添加任意的图片和文字作为背景图片，将这些内容称为水印。另外，水印经常作为文件归属的一种标志，人们会希望在一些重要的 Word 文件中加入一些背景水印，如加入公司机密、秘密文件、请勿传播等字样。

3）页眉和页脚。页眉和页脚是文档中每个页面的顶部、底部页边距的区域，用户可以在页眉和页脚中插入文本或图形，如页码、时间和日期、公司徽标、文档标题、文件名或作者姓名等。

使用 Word 2016，用户不仅可以轻松地在文档中插入、修改预设的页眉或页脚样式，还可以自定义页眉或页脚样式，并将新的页眉或页脚保存到样式库中。

4）修订和批注。如果一个文档需要协同多人处理，那么审阅、跟踪文档的修订是一个重要环节，用户通过审阅和修订可以及时了解其他用户修改了文档中的哪些内容，如插入、删除、移动、格式的更改及更改的次数等，以及为何要修改这些内容。

当审阅修订和批注时，可以接受或拒绝每一项更改。在接受或拒绝文档中的所有修订和批注之前，即使发送或显示文档中的隐藏更改，审阅者也能够看到。

实验目的

1）掌握模板的使用和制作方法。
2）掌握水印的使用方法。
3）掌握添加页码的方法。
4）掌握文档保护、修订和批注的使用方法。

实验要求

2012 年 4 月 16 日，中共中央办公厅和国务院办公厅联合下发了《党政机关公文处理工作条例》。同年 6 月 29 日，为提高党政机关公文的规范化和标准化水平，又发布了《党政机关公文格式》（GB/T 9704—2012）。其目的就是统一公文格式，凸显公文的权威、庄重与严肃。但在实际工作过程中，各级党政机关和企事业单位工作人员大多使用 Word 软件印制和办理公文。下面对用 Word 2016 软件印制新版公文进行初步探索，形成 Word 版工作规范和新版公文规范解决方案。本实验以单一机关×××公司《关于召开安全工作会议的通知》为例，展示用 Word 2016 制作新版标准格式公文的全过程。要求如下：

1）打开"word 公文素材.docx"文件，将其另存为"word 公文.docx"，之后所有的操作均在"word 公文.docx"文件中进行。

2）设置纸张、页边距。文件采用标准 A4 纸，上、下页边距分别设置为 3.7 厘米、3.5 厘米，左、右页边距分别设置为 2.8 厘米、2.6 厘米，每面排 22 行，每行排 28 个字。段落为两端对齐，首行缩进 2 字符，行距为固定值 30 磅。公文内容字体要求为仿宋、三号。页眉和页脚要求奇偶页不同，页眉为 1.5 厘米，页脚为 1.75 厘米。

3）插入形如“—2—”样式的页码。

4）发文机关标志制作。将“XXX 有限公司文件”的字体设置为宋体、三号，颜色为红色；字符间距为缩放 68%，使单个字的宽度缩小为高度的 68%，即 15 毫米。

5）制作红线。

6）成文日期。公文在落款处不署发文单位名称，只标识成文日期。

7）为文档添加水印，水印文字为“保密”，并设置为斜式版式。应注意的是，正式版文件一般不设置水印。

8）开启文档的修订功能。

9）将制作好的文档，通过 Word 中的电子邮件发送。

10）将制作好的文件以“公司文件”为文件名保存为 Word 模板。

文件样式如图 1-37 所示。

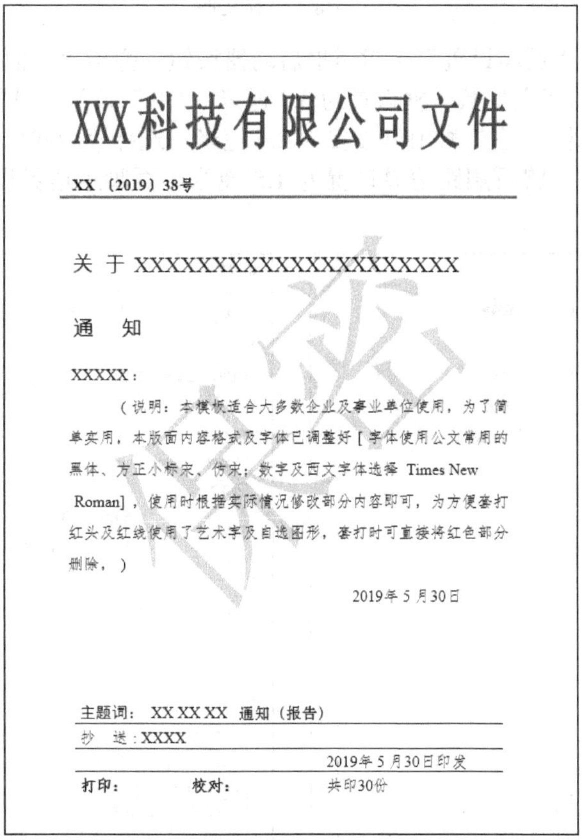
XXX科技有限公司文件

XX〔2019〕38号

关 于 XXXXXXXXXXXXXXXXXXXXXX

通 知

XXXXX：

（说明：本模板适合大多数企业及事业单位使用，为了简单实用，本版面内容格式及字体已调整好［字体使用公文常用的黑体、方正小标宋、仿宋；数字及西文字体选择 Times New Roman］，使用时根据实际情况修改部分内容即可，为方便套打红头及红线使用了艺术字及自选图形，套打时可直接将红色部分删除。）

2019年 5 月30日

主题词：XX XX XX 通知（报告）

抄 送：XXXX

2019年 5 月30日印发

打印： 校对： 共印30份

保密

图 1-37 文件样式

实验步骤

步骤 1：进行页面设置。

双击打开“word 公文素材.docx”文件，选择“文件”｜“另存为”命令，打开“另存为”面板，选择“浏览”选项，弹出“另存为”对话框，输入文件名“word 公文.docx”，保存类型为“Word 文档”，如图 1-38 所示。

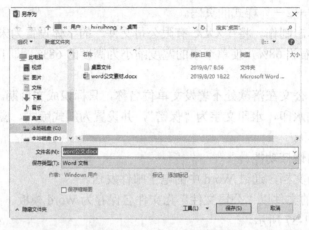

图 1-38 保存文件

单击"布局"｜"页面设置"｜对话框启动器按钮，弹出"页面设置"对话框，选择"页边距"选项卡，将"上"数值框设置为 3.7 厘米，"下"数值框设置为 3.5 厘米，"左"数值框设置为 2.8 厘米，"右"数值框设置为 2.6 厘米。选择"版式"选项卡，将页眉和页脚设置为奇偶页不同，将页眉距边界设置为 1.5 厘米，页脚距边界设置为 1.75 厘米，如图 1-39 所示。

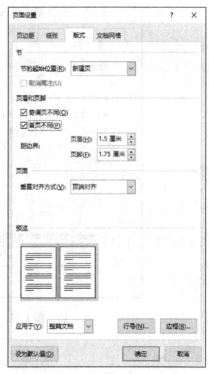

图 1-39 设置页边距和版式

选择"文档网格"选项卡，单击"字体设置"按钮，弹出"字体"对话框，将中文字体设置为仿宋、三号，单击"确定"按钮，返回"页面设置"对话框，点选"指定行和字符网格"单选按钮；将每行设置为 28 字符，每页设置为 22 行，如图 1-40 所示，单击"确定"按钮。这样就将版心设置成了以三号字为标准，每页 22 行，每行 28 个字。

图 1-40　设置文档网络

单击"开始"｜"段落"｜对话框启动器按钮，将对齐方式设置为两端对齐，特殊格式设置为首行缩进 2 字符，行距为固定值，大小为 30 磅。

步骤 2：插入页码。

单击"插入"｜"页眉和页脚"｜"页码"下拉按钮，在弹出的下拉菜单中选择"页面底端"｜"普通数字 2"命令，如图 1-41 所示。

双击刚插入的页码，单击"页眉和页脚工具-设计"｜"页眉和页脚"｜"页码"下拉按钮，在弹出的下拉菜单中选择"设置页码格式"命令，在弹出的"页码格式"对话框中将编号格式设置为-1-,-2-,-3-,…这一类型，如图 1-42 所示。

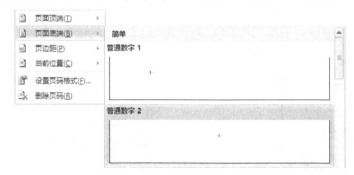

图 1-41　选择页码样式　　　　　　　　　　　　图 1-42　页码格式的设置

步骤 3：发文机关标志制作。

在文档第一行输入"XXX 科技有限公司文件"，选中输入的全部文字，将字体设置为宋体、三号，颜色设置为红色。单击"字体"组中的对话框启动器按钮，弹出"字体"对话框，选择"高级"选项卡，将"字符间距"组中的缩放设置为 68%，单击"确定"按钮。

步骤 4：红线制作。

单击"插入"｜"插图"｜"形状"下拉按钮，在弹出的下拉菜单中选择"直线"选项，此时鼠标指针会变成十字形，按住 Shift 键，拖动鼠标从左到右画一条水平线。选中该直线，单击"绘图工具-格式"｜"形状样式"｜"形状轮廓"下拉按钮，在弹出的下拉菜单中选择"主题颜色"列表中的"红色"选项，再次打开"形状轮廓"下拉菜单，选择"粗细"｜"2.25 磅"命令[图 1-43（a）]。在"大小"组中将宽度设置为 6.5 厘米[图 1-43(b)]。用户可根据实际情况进行调节。

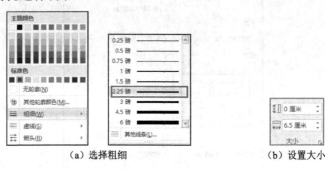

（a）选择粗细　　　　　　　　　（b）设置大小

图 1-43　设置红线

步骤 5：添加成文日期。

在公文末尾输入成文日期"2019 年 5 月 30 日"，将字体设置为仿宋、三号，并设置其距右边 4 个字的距离。

步骤 6：添加水印。

单击"设计"｜"页面背景"｜"水印"下拉按钮，在弹出的下拉菜单中选择"自定义水印"命令，弹出"水印"对话框。点选"文字水印"单选按钮，在"文字"文本框中输入"保密"二字，并单击"确定"按钮，如图 1-44 所示。

步骤 7：开启文档修订。

单击"审阅"｜"修订"｜"修订"按钮（图 1-45），即可打开文档的修订功能。

图 1-44　添加水印

图 1-45　开启修订

步骤 8：将文档通过电子邮件发送。

选择"文件"｜"共享"命令，打开"共享"面板，如图 1-46 所示。选择"电子邮件"选项，再选择"作为附件发送"选项，即可使用 Office 2016 自带的 Outlook 发送邮件了（要求该计算机安装并配置了 Outlook）。

图 1-46　"共享"面板

步骤 9：保存成模板文件。

选择"文件"｜"另存为"命令，打开"另存为"面板选择"浏览"选项，弹出"另存为"对话框，将保存类型设置为 Word 模板，文件名为"公司文件"，保留默认路径，单击"确定"按钮即可。

至此，模板制作完成。以后所有属于此种类型的公文都可以调用该模板，直接进行公文正文的排版。若要对该模板进行修改，可以调出相应模板，方法是选择"文件"｜"新建"命令，在"新建"面板中选择"个人"选项卡，找到相应的模板，双击调出模板，即可进行修改。

第 2 章

Excel 2016 数据分析实验

实验项目 2.1　人口普查数据分析

相关知识点

1）工作表的基本操作，包括新建、插入、重命名、设置工作表标签颜色等。

2）导入外部数据文件，将文本文件、网页、Access 数据库等多种外部数据源导入 Excel 中。

3）套用表格格式。Excel 2016 中提供了多种不同用途的表格样式，可以借助这些表格样式快速格式化表格。

4）单元格地址的引用，包含相对引用、绝对引用和混合引用。

5）合并计算。多个相似的表格或数据区域，可以按某种指定的计算方式（如求和、最大值等）进行合并计算。

6）突出显示符合条件的数据。Excel 2016 中提供了多种规则，可以对符合条件的数据进行格式设置。

7）公式和函数的应用。Excel 2016 中提供了丰富的函数，供用户使用。

8）以不同方式动态地分析数据。Excel 2016 中提供了数据透视表功能，可动态地分析数据。

实验目的

1）掌握工作簿和工作表的基本操作。

2）掌握从网页中导入外部数据源的方法。

3）掌握表格套用格式和样式的设置方法。

4）掌握合并计算的方法。

5）掌握单元格地址的 3 种引用方法。

6）掌握条件格式的设置方法。

7）掌握公式和函数的使用方法。

8）掌握数据透视表的制作方法。

实验要求

完成第五次、第六次人口普查数据的统计分析任务，具体要求如下：

1）新建一个空白 Excel 文件，将工作表 Sheet1 重命名为"第五次人口普查数据"，将此工作表标签颜色设置为蓝色；再将工作表 Sheet2 重命名为"第六次人口普查数据"，并将工作表标签颜色设置为红色；最后将此工作簿以"全国人口普查数据分析.xlsx"为名进行保存。

2）浏览网页"第五次全国人口普查公告.htm"，将其中的"2000 年第五次全国人口普查主要数据"表格导入工作表"第五次人口普查数据"；浏览网页"第六次全国人口普查公告.htm"，将其中的"2010 年第六次全国人口普查主要数据"表格导入工作表"第六次人口普查数据"（要求均从单元格 A1 开始导入，不得改变数据在表格中的位置）。

3）对两张工作表中的数据区域套用合适的表格样式，要求至少四周有边框，且偶数行有底纹，适当调整表格的高度、宽度及字体、字号、数据对齐方式等。

4）将两张工作表内容进行合并计算，合并后的工作表放置在新工作表"比较数据"中（要求从 A1 单元格开始），且保持最左列仍为地区名称，单元格 A1 中的列标题为"地区"，为表格自动套用一种表格样式，适当调整表格行高或列宽及数据对齐方式。

5）在合并后工作表"比较数据"中的数据区域最右边依次增加"人口增长数"和"比重变化"两列，计算这两列的值。其中，人口增长数=2010 年人口数−2000 年人口数，比重变化=2010 年比重−2000 年比重。

6）打开工作簿"统计指标.xlsx"，将工作表"统计数据"复制到已经打开的工作簿"全国人口普查数据分析.xlsx"中的工作表"比较数据"之后。

7）在工作簿"全国人口普查数据分析.xlsx"中，为工作表"第六次人口普查数据"中人口数最多的地区设置底纹为红色。

8）根据工作表"比较数据"中的数据，使用公式或函数将计算结果填入工作表"统计数据"的相应区域。

9）基于工作表"比较数据"创建一个数据透视表，将其单独存放在一个名为"数据透视表分析"的工作表中，要求筛选出 2010 年人口数超过 5000 万的地区及人口数、2010 年所占比重、人口增长数，并按人口数从少到多排序。

实验步骤

步骤 1：工作簿和工作表的基本操作。

1）在 Excel 2016 中新建一个空白工作簿，并将其命名为"全国人口普查数据分析.xlsx"。

2）将工作表 Sheet1 命名为"第五次人口普查数据"，在工作表名称区域右击，在弹出的快捷菜单中选择"工作表标签颜色"命令，在子菜单的"主题颜色"列表中选择"蓝色"选项；将工作表 Sheet2 命名为"第六次人口普查数据"，用前面的方法，将工作表标签颜色设置为红色。

步骤 2：从网页中导入数据。

1）打开工作表"第五次人口普查数据"，单击"数据"|"获取外部数据"|"自网络"按钮，弹出"新建 Web 查询"对话框，在地址栏输入"第五次全国人口普查公报.hml"的详细网址，单击"转到"按钮，打开网页。浏览网页找到"2000 年第五次全国人口普查主要数据（大陆）"表格，单击表格左上角的箭头标志，使其变为对勾，如图 2-1 所示。

2）单击"导入"按钮，弹出"导入数据"对话框，选择数据的放置位置为现有工作表，且从单元格 A1 开始存放，如图 2-2 所示，单击"确定"按钮。

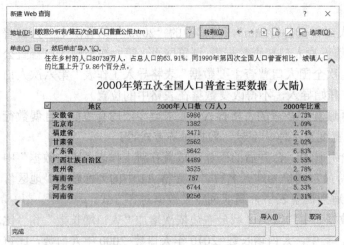

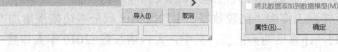

图 2-1　自网站导入数据　　　　　　　图 2-2　"导入数据"对话框

3）打开工作表"第六次人口普查数据"，同导入"第五次全国人口普查数据"的步骤一样，输入"第六次全国人口普查公告.htm"的详细网址，将网页中的"2010 年第六次全国人口普查主要数据（大陆）"表格数据导入工作表，并设置从单元格 A1 开始存放数据。

步骤 3：套用表格格式。

1）打开工作表"第五次人口普查数据"，选中表格区域，单击"开始"|"样式"|"套用表格格式"下拉按钮，在弹出的下拉菜单中选择一种四周有边框和偶数行有底纹的样式。将表格中第一行数据的字体设置为黑体、12 号，同时，将表中所有的数据对齐方式设置为居中。

2）打开工作表"第六次人口普查数据"，选中表格区域，同上面的方法一样，在"套用表格格式"下拉菜单中选择一种符合要求的样式。将表格中的数据设置为与"第五次人口普查数据"一样的格式。

步骤 4：合并计算。

1）将工作表 Sheet3 命名为"比较数据"，单击"数据"|"数据工具"|"合并计算"按钮，弹出"合并计算"对话框。单击"引用位置"文本框后的拾取按钮，选择工作表"第五次人口普查数据"的表格区域，单击"添加"按钮。接着单击"引用位置"文本框后的拾取按钮，选择工作表"第六次人口普查数据"的表格区域，单击"添加"按钮，并在"标签位置"组中勾选"首行"和"最左列"复选框，如图 2-3 所示，单击"确定"按钮。

2）在单元格 A1 列输入"地区"，根据需求调整表格的列宽，在"套用表格格式"下拉菜单中选择一种样式，将第一行的标题字体设置为黑体、12 号，所有数据对齐方式为居中，结果如图 2-4 所示。

图 2-3　"合并计算"对话框

地区	2010年人口数（万人）	2010年比重	2000年人口数（万人）	2000年比重
北京市	1961	1.46%	1382	1.09%
天津市	1294	0.97%	1001	0.79%
河北省	7185	5.36%	6744	5.33%
山西省	3571	2.67%	3297	2.60%
内蒙古自治区	2471	1.84%	2376	1.88%
辽宁省	4375	3.27%	4238	3.35%
吉林省	2746	2.05%	2728	2.16%
黑龙江省	3831	2.86%	3689	2.91%
上海市	2302	1.72%	1674	1.32%
江苏省	7866	5.87%	7438	5.88%
浙江省	5443	4.06%	4677	3.69%
安徽省	5950	4.44%	5986	4.73%
福建省	3689	2.75%	3471	2.74%
江西省	4457	3.33%	4140	3.27%
山东省	9579	7.15%	9079	7.17%
河南省	9402	7.02%	9256	7.31%
湖北省	5724	4.27%	6028	4.76%
湖南省	6568	4.90%	6440	5.09%

图 2-4　"合并计算"后的结果

步骤 5：增加"人口增长数"和"比重变化"两列数据，通过公式进行计算。

1）打开工作表"比较数据"，选中单元格 F1，输入"人口增长数"；选中单元格 G1，输入"比重变化"。

2）选中单元格 F2，输入公式"=B2-D2"，按 Enter 键，自动将结果填充到最后一个需要计算的单元格。

3）选中单元格 G2，输入公式"=C2-E2"，按 Enter 键，自动将结果填充到最后一个需要计算的单元格。

步骤 6：工作表在不同工作簿之间的复制操作。

打开工作簿"统计指标.xlsx"，选中工作表"统计数据"，右击，在弹出的快捷菜单中选择"移动或复制"命令，弹出"移动或复制工作表"对话框，在"工作簿"下拉列表框中选择"全国人口普查数据分析.xlsx"选项，在"下列选定工作表之前"列表框中选择"移至最后"选项，并勾选"建立副本"复选框，如图 2-5 所示，单击"确定"按钮。

步骤 7：为人口数最多的地区设置格式。

1）打开工作表"第六次人口普查数据"，选中区域 A2:A33，单击"开始"|"样式"|"条件格式"下拉按钮，在弹出的下拉菜单中选择"新建规则"命令，弹出"新建格式规则"对话框。

2）选择规则类型为"使用公式确定要设置格式的单元格"，在"为符合此公式的值设置格式"文本框中输入公式"=B2=MAX($B$2:$B$34)"，单击"格式"按钮，弹出"单元格格式设置"对话框。

3）选择"填充"选项卡，将背景色设置为红色，单击"确定"按钮，返回"新建格式规则"对话框，如图 2-6 所示，单击"确定"按钮。

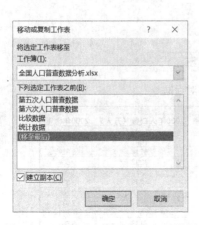

图 2-5　"移动或复制工作表"对话框　　　图 2-6　使用公式设置单元格的格式

步骤 8： 使用公式和函数统计数据。

1）打开"统计数据"工作表，选中单元格 C3，输入函数"=SUM(比较数据!D2:D34)"，按 Enter 键；再选中单元格 D3，输入函数"=SUM(比较数据!B2:B34)"，按 Enter 键。完成 2000 年和 2010 年总人数的计算。

2）选中单元格 D4，输入公式"=D3-C3"，按 Enter 键。完成对 2010 年总增长数的计算。

3）选中单元格 C5，输入函数"=INDEX(比较数据!A2:A32,MATCH(MAX(比较数据!D2:D32),比较数据!D2:D32,0))"，按 Enter 键；再选中单元格 D5，输入函数"=INDEX(比较数据!A2:A32,MATCH(MAX(比较数据!B2:B32),比较数据!B2:B32,0))"，按 Enter 键。完成 2000 年和 2010 年人口最多地区的计算。

4）选中单元格 C6，输入函数"=INDEX(比较数据!A2:A32,MATCH(MIN(比较数据!D2:D32),比较数据!D2:D32,0))"，按 Enter 键；再选中单元格 D6，输入函数"=INDEX(比较数据!A2:A32,MATCH(MIN(比较数据!B2:B32),比较数据!B2:B32,0))"，按 Enter 键。完成 2000 年和 2010 年人口最少地区的计算。

5）选中单元格 D7，输入函数"=INDEX(比较数据!A2:A32,MATCH(MAX(比较数据!F2:F32),比较数据!F2:F32,0))"，按 Enter 键，再选中单元格 D8，输入函数"=INDEX(比较数据!A2:A32,MATCH(MIN(比较数据!F2:F32),比较数据!F2:F32,0))"，按 Enter 键。完成 2010 年人口增长数最多地区和最少地区的计算。

6）选中单元格 D9，输入公式"=COUNTIF(比较数据!F2:F32,"<0")"，按 Enter 键。完成人口负增长地区数的计算。

使用公式和函数统计数据的结果如图 2-7 所示。

统计项目	2000年	2010年
总人数(万人)	126,583	133,973
总增长数(万人)	-	7,390
人口最多的地区	河南省	广东省
人口最少的地区	西藏自治区	西藏自治区
人口增长最多的地区	-	广东省
人口增长最少的地区	-	湖北省
人口为负增长的地区数	-	6

注意：进行地区统计时，统计范围不包含“中国人民解放军现役军人”及“难以确定常住地”两类地区

图 2-7　使用公式和函数统计数据的结果

步骤 9：使用数据透视表筛选数据。

1）打开工作表“比较数据”，选中数据区域的任一单元格，单击“插入”|“表格”|“数据透视表”按钮，弹出“创建数据透视表”对话框，在“表/区域”文本框中输入“比较数据!$A$1:$G$34”，选择放置数据透视表位置为新工作表，单击“确定”按钮，生成工作表 Sheet5，重命名为“数据透视表分析”。

2）在工作表“数据透视表分析”中，将数据透视表字段中的“地区”拖动到“行”列表框，将“2010 年人口数（万人）”“2010 年比重”“人口增长数”拖动到“值”列表框，生成数据透视表，如图 2-8 所示。

行标签	求和项:2010年人口数（万人）	求和项:2010年比重	求和项:人口增长数
安徽省	5950	0.0444	-36
北京市	1961	0.0146	579
福建省	3689	0.0275	218
甘肃省	2558	0.0191	-4
广东省	10430	0.0779	1788
广西壮族自治区	4603	0.0344	114
贵州省	3475	0.0259	-50
海南省	867	0.0065	80
河北省	7185	0.0536	441
河南省	9402	0.0702	146
黑龙江省	3831	0.0286	142
湖北省	5724	0.0427	-304
湖南省	6568	0.049	128
吉林省	2746	0.0205	18
江苏省	7866	0.0587	428
江西省	4457	0.0333	317
辽宁省	4375	0.0327	137
难以确定常住地	465	0.0035	360
内蒙古自治区	2471	0.0184	95
宁夏回族自治区	630	0.0047	68
青海省	563	0.0042	45
山东省	9579	0.0715	500
山西省	3571	0.0267	274
陕西省	3733	0.0279	128
上海市	2302	0.0172	628
四川省	8042	0.06	-287
天津市	1294	0.0097	293
西藏自治区	300	0.0022	38
新疆维吾尔自治区	2181	0.0163	256
云南省	4597	0.0343	309
浙江省	5443	0.0406	766
中国人民解放军现役军人	230	0.0017	-20
重庆市	2885	0.0215	-205
总计	**133973**	**1**	**7390**

图 2-8　数据透视表

3）单击"行标签"右边的下拉按钮，在弹出的下拉菜单中选择"值筛选"|"大于或等于"命令，弹出"值筛选（地区）"对话框。

4）在第一个下拉列表框中选择"求和项：2010 年人口数（万人）"选项，在第二个下拉列表框中选择"大于或等于"选项，最后一个文本框中输入 5000，如图 2-9 所示，单击"确定"按钮。

图 2-9　"值筛选（地区）"对话框设置

5）选中"2010 年人口数（万人）"数据列区域的任一单元格，右击，在弹出的快捷菜单中选择"排序"|"升序"命令，完成所有条件的筛选工作，结果如图 2-10 所示。

行标签	求和项:2010年人口数（万人）	求和项:2010年比重	求和项:人口增长数
浙江省	5443	0.0406	766
湖北省	5724	0.0427	-304
安徽省	5950	0.0444	-36
湖南省	6568	0.049	128
河北省	7185	0.0536	441
江苏省	7866	0.0587	428
四川省	8042	0.06	-287
河南省	9402	0.0702	146
山东省	9579	0.0715	500
广东省	10430	0.0779	1788
总计	76189	0.5686	3570

图 2-10　设置条件筛选后的结果

实验项目 2.2　差旅费报销管理

相关知识点

1）通常常规数据格式预定义的方式无法满足用户的需求，因此，Excel 2016 中提供了自定义数据格式的功能。

2）根据数据列特点，可以使用 Ctrl+E 组合键或快速填充功能迅速获取数据。

3）使用函数 VLOOKUP 可以查找或引用其他工作表的数据，使用函数 WEEKDAY 可以计算星期数，使用函数 SUMIFS 可以统计指定区域满足单个或多个条件的和。

4）使用分类汇总可以对某一类型的数据进行不太复杂的统计功能。

5）为了对不同类别的数据进行统计，Excel 2016 中提供了数据透视表功能。

6）从全局角度出发，可以用图形形式直观地展现大批量数据的变化规律和趋势。为此，Excel 2016 中提供了数据透视图功能。

实验目的

1）熟悉自定义数据格式的设置方法。

2）掌握快速填充功能。

3）掌握常用的查找函数 VLOOKUP、日期时间函数 WEEKDAY 和统计函数 SUMIFS 的用法。

4）掌握分类汇总的用法。

5）掌握数据透视表的制作方法。

实验要求

完成东方公司差旅报销管理信息的统计分析任务，具体要求如下：

1）将工作表"费用报销明细表"中的"日期"列，设置格式为某年某月某日星期几。

2）在工作表"费用报销明细表"中，通过"活动地点"列的数据直接获取"地区"信息。

3）将工作表"费用类别对照表"中"费用类别"列的值一一对应填入"费用报销明细表"中的"费用类别"列。在工作表"费用报销明细表"中，"是否加班"列的值来自对"日期"列的判断，如果"日期"列的数据是星期六或星期日，则在"是否加班"列中显示结果为"是"；否则，如果是星期一到星期五，则在"是否加班"列中显示结果为"否"。

4）统计每一个报销人的差旅费用总额。

5）完成工作表"差旅成本分析报告"中的统计工作。

6）用数据透视表查看每个报销人每个季度的差旅费总额，行标签为"报销人"，列标签为"季度"，值为"求和差旅费"，将数据透视表的结果存放在一个新的工作表中，工作表名为"数据透视表分析"。

实验步骤

步骤 1： 自定义数据格式设置日期。

打开工作表"费用报销明细表"，选中"日期"列中的所有数据区域 A3:A401，右击，在弹出的快捷菜单中选择"设置单元格格式"命令，选择"数字"选项卡，在"分类"列表框中选择"自定义"选项，在"类型"文本框中输入"yyyy"年"m"月"d"日"aaaa"，单击"确定"按钮，完成日期的设置。

步骤 2： 使用快速填充或函数获取数据。

1）在单元格 D3 中输入"福建"，按 Enter 键。

2）选中 D 列的任一单元格，按 Ctrl+E 组合键，或单击"开始"|"编辑"|"填充"下拉按钮，在弹出的下拉菜单中选择"快速填充"命令。

也可在单元格 D3 中输入函数"=LEFT(C3,2)"，按 Enter 键，双击 D3 中的填充柄。

步骤 3： 使用函数将一张表格中的数据导入另一张表格，得到某日期的星期数。

1）在"费用报销明细表"中，选中单元格 F3，输入函数"=VLOOKUP(E3,费用类别对照表!$A$2:$B$12,2,FALSE)"，按 Enter 键，双击 F3 中的填充柄，即可实现引用工作表"费用类别"的第二列数据。

2）选中单元格 H5，输入函数"=IF(WEEKDAY(A3,2)>5,"是","否")"，按 Enter 键，双击 H5 中的填充柄，即可得出所有结果。

步骤 4：使用分类汇总统计数据。

1）在"费用报销明细表"中，选中"报销人"列的任一单元格，单击"开始"|"编辑"|"排序和筛选"下拉按钮，在弹出的下拉菜单中选择"降序"命令。

2）单击"数据"|"分级显示"|"分类汇总"按钮，弹出"分类汇总"对话框，分类字段设置为报销人，汇总方式设置为求和，汇总项为差旅费用金额，如图 2-11 所示，单击"确定"按钮。

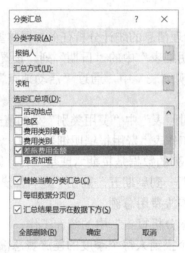

图 2-11 各报销人差旅费用总额分类汇总

步骤 5：多条件单元格求和。

1）打开工作表"差旅成本分析报告"，选中单元格 B3，输入函数"=SUMIFS(费用报销明细表!G3:G413,费用报销明细表!D3:D413,"北京",费用报销明细表!A3:A413,">=2018 年 7 月 1 日",费用报销明细表!A3:A413,"<=2018 年 9 月 30 日")"，按 Enter 键。

2）选中单元格 B4，输入函数"=SUMIFS(费用报销明细表!G3:G413,费用报销明细表!A3:A413,">=2018 年 1 月 1 日",费用报销明细表!A3:A413,"<=2018 年 12 月 31 日",费用报销明细表!B3:B413,"杨爱国",费用报销明细表!F3:F413,"火车票")"，按 Enter 键。

3）选中单元格 B5，输入函数"=SUMIFS(费用报销明细表!G3:G413,费用报销明细表!A3:A413,">=2018 年 1 月 1 日",费用报销明细表!A3:A413,"<=2018 年 12 月 31 日",费用报销明细表!F3:F413,"飞机票")/SUM(费用报销明细表!G3:G413)"，按 Enter 键。

4）选中单元格 B6，输入函数"=SUMIFS(费用报销明细表!G3:G413,费用报销明细表!A3:A413,">=2018 年 1 月 1 日",费用报销明细表!A3:A413,"<=2018 年 12 月 31 日",费用报销明细表!F3:F413,"燃油费",费用报销明细表!H3:H413,"是")"，按 Enter 键。

步骤 6：使用透视表筛选数据。

1）选中"费用报销明细表"中的任一数据单元格，单击"插入"|"表格"|"数据透视表"按钮，弹出"创建数据透视表"对话框，选择表/区域范围，数据透视表位置设置为新工作表，单击"确定"按钮。

2）在"数据透视表字段"任务窗格中将字段"报销人"拖动到"行"列表框，将"季度"拖动到"列"列表框，将"差旅费用金额"拖动到"值"列表框，计算类型为求和。

3）将工作表重命名为"数据透视表分析"，即完成数据透视表报表的筛选，如图 2-12 所示。

求和项:差旅费用金额	列标签				
行标签	第一季	第二季	第三季	第四季	总计
唐雅林	2432.533333	18010.3	4099.666667		24542.5
方嘉康	140	229	2050.833333	2419.833333	4839.666667
方文成	3748.766667	9246.833333	3770.5		16766.1
付莉莉	2500	388	1458.333333	4080	8426.333333
关天胜	921.5	6608.3	1672.933333		9202.733333
何大同	2141.666667	8168.333333	1613.833333		11923.83333
黎洁然	2635	5531.166667	538.3333333		8704.5
李林立	3840.833333	3100.666667			6941.5
李晓梅	1366.533333	13505.33333	2124.033333		16995.9
李雅洁	29	3487.966667	1088.333333		4605.3
刘长辉	1259.8	3470.933333	2069.633333		6800.366667
马莲露	1407.833333	7493.8	3925.833333		12827.46667
孟天一	1570.833333	6951.9	1481.666667		10004.4
彭致远	7218.333333	8780.1	5042.366667		21040.8
任聪颖	4343.333333	4562.366667	2597.366667		11503.06667
孙庆	1068.333333	7503.366667	3213.066667		11784.76667
王炫酷	3400	5818.733333	505.5		9724.233333
王亚楠	1253.333333	3720.766667			4974.1
王艳丽	2023.333333	6232.666667	142		8398
谢影丽	1555.9	15359.96667	954.3		17870.16667
徐海娜	529	4962.8	2133.733333		7625.533333
许明溪	1493.333333	4584.866667	458.7		6536.9
许三多	3057.733333	12950.8	3746.566667		19755.1
杨爱国	1550.833333	1748.8	1600	1850	6749.633333
张晓雪	1065.833333	8415.833333			9481.666667
赵云龙	300	5661.533333	1253.333333		7214.866667
邹国庆	2014.533333	8461.833333	1273.333333		11749.7
总计	54868.1333	184956.967	48814.2	8349.83333	296989.133

图 2-12 使用数据透视表筛选的结果

实验项目 2.3 期末考试优秀人数统计图

相关知识点

1）饼图通常用于展现数据中多个项目的组成和占比情况，如市场份额、收入支出结构、食物成分等。

2）如果在不同的组成项目中对某个项目又从另一个统计角度进行了更进一步的细分，形成了两个不同层次的占比组成，这种情况应该使用双饼图来实现。例如，在桌面应用程序分类中统计划分成视频、游戏、阅读、音乐和其他 5 个大类，而在游戏这个类别中又根据游戏的不同类型划分成休闲益智、冒险射击、动作策略和其他类型 4 个统计分类。

3）在现有的"饼图"中可以添加数据系列和水平（分类）轴标签。添加数据系列和水平（分类）轴标签后，可以通过分离饼图的方式看到添加的信息。

4）在 Excel 2016 中可以添加和修改数据标签的格式。

实验目的

1）掌握 Excel 中饼图的创建方法。

2）掌握 Excel 中添加数据系列和水平（分类）轴标签的方法。

3）掌握添加和修改数据标签的方法。

4）掌握分离饼图的方法。

5）掌握组合小饼图的方法。

实验要求

下面要求根据工作表中"期末考试优秀人数统计"表来生成图 2-13 所示的双饼图。

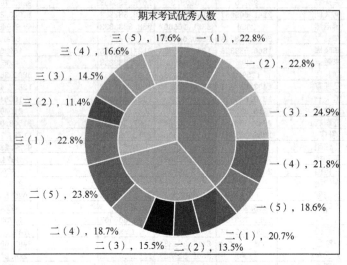

图 2-13 双饼图效果

实验步骤

1）打开"期末考试优秀人数统计.xlsx"，选中 A2:B5 单元格区域，单击"插入"|"图表"|"插入饼图或圆环图"下拉按钮，在弹出的下拉菜单中选择第一个饼图，如图 2-14 所示。选中图例项，按 Delete 键删除。再选中饼图，右击，在弹出的快捷菜单中选择"添加数据标签"|"添加数据标签"命令，如图 2-15 所示，将图表标题设置为"期末考试优秀人数"，字体为黑体、20 号。

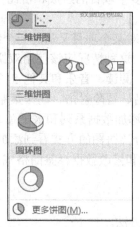

图 2-14 插入饼图

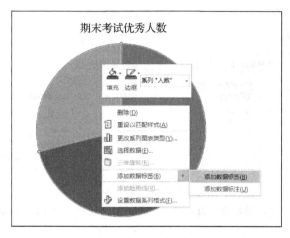

图 2-15 添加数据标签

2）再次选中饼图的数据部分，右击，在弹出的快捷菜单中选择"设置数据标签格式"命令，弹出"设置数据标签格式"任务窗格（图 2-16），分别勾选"类别名称""值""百分比"复选框，效果如图 2-17 所示。

图 2-16 数据标签格式设置

图 2-17 单饼图

3）选中整个饼图，右击，在弹出的快捷菜单中选择"选择数据"命令，弹出"选择数据源"对话框，如图 2-18 所示。单击"添加"按钮，弹出"编辑数据系列"对话框。设置系列名称为系列 2，系列值为"=双饼图!$D$3:$D$17"，如图 2-19 所示。单击"确定"按钮返回"选择数据源"对话框，勾选"系列 2"复选框，单击"水平（分类）轴标签"列表框中的"编辑"按钮，如图 2-20 所示，弹出"轴标签"对话框。在"轴标签区域"文本框中输入"=双饼图!$C$3:$C$17"，如图 2-21 所示。单击"确定"按钮。

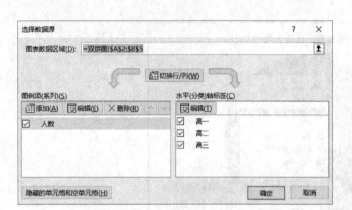

图 2-18　"选择数据源"对话框

图 2-19　"编辑数据系列"对话框

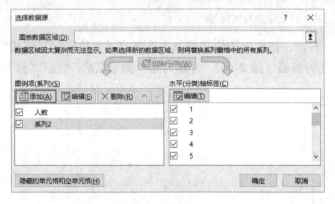

图 2-20　编辑系列 2

图 2-21　轴标签设置

4）选中图中圆饼区域，右击，在弹出的快捷菜单中选择"设置数据系列格式"命令，弹出"设置数据系列格式"任务窗格。点选"次坐标轴"单选按钮，饼图分离程度设置为 67%，如图 2-22 所示。两个饼图生成效果如图 2-23 所示。

图 2-22　次坐标轴

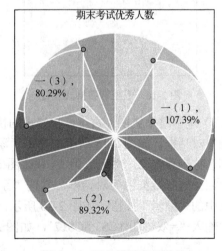

图 2-23　两个饼图生成效果

5）将分散的几个扇形分别拖回圆心，如图 2-24 所示。选中整个饼图的数据系列 2，右击，在弹出的快捷菜单中选择"添加数据标签"|"添加数据标签"命令。再次右击，在弹出的快捷菜单中选择"设置数据标签格式"命令，弹出"设置数据标签格式"任务窗格，其具体设置如图 2-25 所示。最终效果如图 2-13 所示。

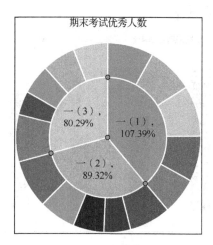

图 2-24　双饼图的生成

图 2-25　数据标签格式设置

实验项目 2.4　糖水粥铺杭州店销售额表动态图表

相关知识点

1）为了制作糖水粥铺杭州店销售额表动态图表，需要先创建基础的"簇状柱形图"。

2）可以借助窗体控件，将 4 张图表动态地汇总于一张工作表，此时首先需要给工作表设置窗体控件。

3）通过单选控件判断按照季度查看还是按照品名查看，然后利用组合框来选择所要查看的具体信息。也就是说，无论是数据源的选择，还是组合框下拉菜单中的内容，都是在单选控件的选择结果确定后通过 IF 函数实现的。在本实验中可以发现，在名称管理器中使用了 IF 函数作为判断按照何种方式进行查询的主要工具。

4）根据已有数据及动态数据区域进行动态图表的设计。

5）对控件的位置进行调整，使其符合人们阅读报表的习惯，并且对图表配色等进行美化。

实验目的

1）掌握 Excel 2016 中添加单选控件和组合框控件的方法。

2）掌握设置控件属性的方法。

3）掌握 IF 函数和 OFFSET 函数的使用方法。

4）掌握名称管理器的使用方法。

实验要求

通过单选控件选择查看方式（季度或品名），然后通过组合框选择对应的查看方式下的各种选项，从而实现查看不同方式下的不同选项所对应的数据，如图 2-26 所示。通过制作糖水粥铺杭州店销售额表动态图表，店家可以更有效地掌握每种产品每个季度的销售情况。

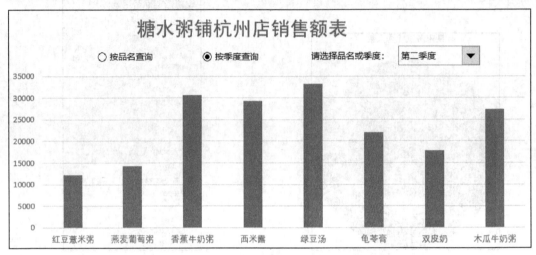

图 2-26　糖水粥铺杭州店销售额表动态图表效果

实验步骤

1）打开"杭州店销售额统计.xlsx"，选中 A2:E10 单元格区域，单击"插入"|"图表"|"插入柱形图或条形图"下拉按钮，在弹出的下拉菜单中选择"二维柱形图"列表中的"簇状柱形图"选项，将图表标题设置为"糖水粥铺杭州店销售额表"，字体为黑体、20 号，删掉图例，并调整标题和绘图区的位置，如图 2-27 所示。

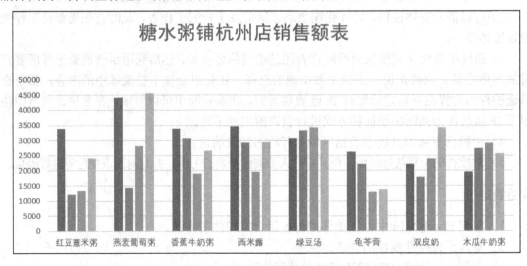

图 2-27　簇状柱形图的基础设置

2）添加窗体控件。选择"文件"|"选项"命令，弹出"Excel 选项"对话框，选择"自定义功能区"选项卡，勾选"开发工具"复选框，即可显示"开发工具"选项卡。可通过单击"开发工具"|"控件"|"插入"按钮，在弹出的下拉菜单（图 2-28）中选择所需要的窗体控件。

图 2-28　表单控件下拉菜单

3）在图表上完成两个"选项按钮"、一个"标签"和一个"组合框"的添加，得到图 2-29 所示的图表。

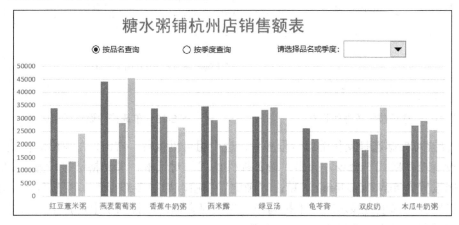

图 2-29　添加控件后的图表

4）创建辅助区域，以方便之后的引用。在 G3:G10 单元格区域输入品名，在 H3:H6 输入 4 个季度，如图 2-30 所示。

	A	B	C	D	E	F	G	H
1	杭州店销售额统计							
2		第一季度	第二季度	第三季度	第四季度			
3	红豆薏米粥	33752	12226	13392	24036		红豆薏米粥	第一季度
4	燕麦葡萄粥	44230	14297	28103	45463		燕麦葡萄粥	第二季度
5	香蕉牛奶粥	33794	30643	18959	26615		香蕉牛奶粥	第三季度
6	西米露	34621	29288	19514	29444		西米露	第四季度
7	绿豆汤	30779	33257	34289	30124		绿豆汤	
8	龟苓膏	26135	22080	12856	13821		龟苓膏	
9	双皮奶	22091	17770	23818	34283		双皮奶	
10	木瓜牛奶粥	19575	27392	29138	25556		木瓜牛奶粥	

图 2-30　创建辅助区域

5）设置窗体控件的数据源区域及单元格链接。选中按品名查询的选项按钮控件，右击，在弹出的快捷菜单中选择"设置控件格式"命令，弹出"设置控件格式"对话框。在"控制"选项卡中的"单元格链接"文本框中输入"$G$2"，如图 2-31 所示。

6）根据单选控件设置引用区域。为了让制作的组合框中能够根据单选控件选择项目的不同而显示不同的序列（季节选项或品名选项），需要在名称管理器中设置一个名称，以便将来在制作组合框时可以根据这个名称中的公式判断应该显示哪组序列。单击"公式"|"定义的名称"|"定义名称"按钮，弹出"新建名称"对话框，定义名称为 pmjd，引用位置为"=IF(Sheet1!$G$2=1,Sheet1!$G$3:$G$10,Sheet1!$H$3:$H$6)"，如图 2-32 所示。

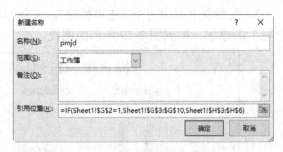

图 2-31　选项按钮控件的设置　　　　　　　图 2-32　单选控件设置引用区域

7）设置可根据选择变化的组合框控件。选中组合框控件，右击，在弹出的快捷菜单中选择"设置控件格式"命令，弹出"设置控件格式"对话框，单元格链接设置为$I$2，数据源区域设置为 tbsy2.xlsx!pmjd，单击"确定"按钮，如图 2-33 所示。可以发现，组合框根据单选控件所选项目显示对应下拉列表。当在组合框的下拉列表中选择不同的选项时，I2 单元格就能显示出对应的 1、2、3、4 等。

8）创建名称。打开"新建名称"对话框，定义名称为 sjxl，引用位置为=IF(Sheet1!$G$2=1,OFFSET(Sheet1!$A$2,Sheet1!$I$2,1,1,4),OFFSET(Sheet1!$A$2,1,Sheet1!$I$2,8,1))，如图 2-34 所示。

图 2-33　组合框控件的格式设置　　　　　　图 2-34　动态数据系列名称

9）根据名称创建图表。选中绘图区，右击，在弹出的快捷菜单中选择"选择数据"命令，弹出"选择数据源"对话框，删除"图例项（系列）"列表框中的所有数据系列，单击"添加"按钮，弹出"编辑数据系列"对话框。分别在"系列名称"和"系列值"文本框中输入"销售额"和"=tbsy2.xlsx!sjxl",如图 2-35 所示。单击"确定"按钮,返回"选择数据源"对话框,如图 2-36 所示。

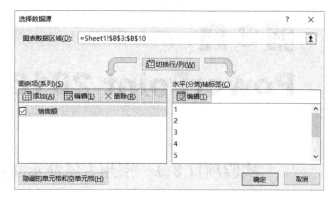

图 2-35 添加数据系列   图 2-36 添加数据系列后的效果

10)创建动态横坐标标签。打开"新建名称"对话框,定义名称为 zbz,引用位置为"=IF(Sheet1!$G$2=1,Sheet1!$H$3:$H$6,Sheet1!$G$3:$G$10)",单击"确定"按钮。"名称管理器"对话框如图 2-37 所示。选中绘图区,右击,在弹出的快捷菜单中选择"选择数据"命令,弹出"选择数据源"对话框,单击"水平(分类)轴标签"列表框中的"编辑"按钮,弹出"轴标签"对话框。在"轴标签区域"文本框中输入"=tbsy2.xlsx!zbz"(图 2-38),单击"确定"按钮。返回"选择数据源"对话框,再次单击"确定"按钮。

图 2-37 动态横坐标标签的名称   图 2-38 轴标签的设置

第 3 章
PowerPoint 2016 设计制作实验

实验项目 3.1 荆州古城演示文稿的设计与制作

相关知识点

1）背景设置。

2）插入文本、图像、声音及格式设置。

3）绘制形状与格式设置。

4）素材的组合，位置与层次调整。

5）幻灯片切换效果设置。

6）素材动画的设置。

7）超链接和动作按钮的使用。

8）演示文稿保存和输出为视频。

实验目的

1）掌握插入、删除、移动、复制幻灯片的方法。

2）掌握插入 SmartArt 图形、图片、声音等常见多媒体信息的方法。

3）掌握设置幻灯片切换效果的方法。

4）熟练掌握自定义动画的设计方法。

5）掌握排练计时功能的使用方法。

6）掌握设置演示文稿放映方式的方法。

实验要求

荆州，古称江陵，是中国历史文化名城、全国重点文物保护单位之一，是楚文化的发祥地之一。它是著名的三国古战场，历史上"刘备借荆州""关羽大意失荆州"等脍炙人口的三国故事都发生在这里。荆州古城地处连东西贯南北的交通要塞，历来为兵家必争之地。荆州城屡毁屡建，现在的荆州古城最后一次修建是在清朝顺治三年（1646 年），依原址而建，保存至今，是"中国南方不可多得的完璧"。为了更多地了解荆州的具体情况，现要求学生按自己的视角设计演示文稿，效果如图 3-1 所示。

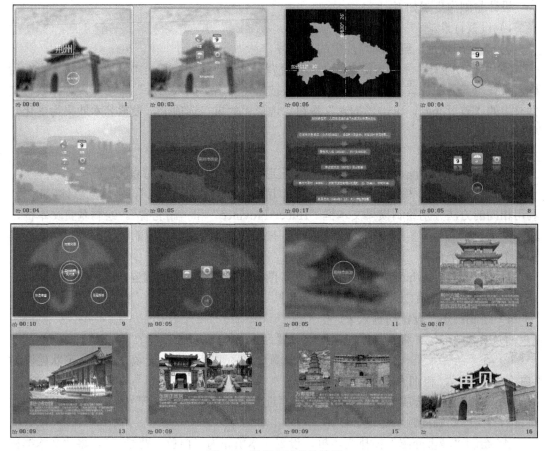

图 3-1　荆州古城总体效果

实验步骤

步骤 1：设计与制作首页（幻灯片 1）。

首页的设计与制作很重要，要体现独特的创意和特色。首页效果如图 3-2 所示。

图 3-2　首页效果

设计与制作步骤如下：

1）设置背景。

① 新建幻灯片，删除幻灯片中的占位符。

② 单击"设计"｜"自定义"｜"设置背景格式"按钮，弹出"设置背景格式"对话框，设置填充为图片或文理，单击"文件"按钮，弹出"插入图片"对话框，选择素材文件夹中的"首页.jpg"，单击"插入"按钮。选择"效果"选项卡，设置艺术效果为虚化，单击"关闭"按钮。

2）制作标题。

① 绘制图 3-2 所示的两条直线，并设置形状轮廓为"白色，背景 1"。

② 绘制"荆州"横排文本框，设置文本填充为"白色，背景 1"，字体为黑体、48 号。利用相同的方法分别绘制横排文本框"Hubei Province"和"湖北省"。绘制垂直文本框，输入文字"JingZhou"。将这 4 个文本框分别按照图 3-2 移动到相应的位置，并将两条直线和 4 个文本框组合。

3）插入音频"Windfall.mp3"，并将声音图标移到幻灯片外的位置。设置停止播放为在 16 张幻灯片后，开始方式为与上一动画同时。

4）绘制圆形，设置动画效果。

① 绘制圆形，并将其高度和宽度均设置为 2.68 厘米。

② 在"绘图工具-格式"选项卡中，设置圆形的形状填充为无填充颜色，形状轮廓为"白色，背景 1"，粗细为 3 磅。

③ 在"动画"选项卡中，为圆形设置"进入"动画中的"轮子"效果，并将开始方式设置为与上一动画同时，延迟 2 秒。

④ 绘制"城市介绍"横排文本框，设置文本填充为"白色，背景 1"。将此文本框移动到图 3-2 所示的位置。为文本框设置"进入"动画中的"出现"效果，并将开始方式设置为上一动画之后。

⑤ 插入图片"鼠标.png"，并将其移动到幻灯片左边画面外。为其设置"路径"动画中的"自定义路径"效果，如图 3-3 所示，并将开始方式设置为与上一动画同时。

图 3-3　鼠标路径动画

⑥ 为"城市介绍"文本框设置"强调"动画中的"字体颜色"效果,打开其效果选项对话框,颜色设置为"标准"选项卡中倒数第二行第三列的颜色。将开始方式设置为与上一动画同时,延迟为 2 秒。

⑦ 为标题组合框设置"强调"动画中的"放大/缩小"效果,并将尺寸设置为自定义:110%,开始方式设置为与上一动画同时,延迟设置为 2 秒。

⑧ 选中圆形,通过复制和粘贴的方法,产生一个相同的圆形,使第二个圆形和第一个圆形能够完全重合。

⑨ 为第二个圆形设置"强调"动画中的"放大/缩小"效果,将尺寸设置为自定义:120%,开始方式设置为与上一动画同时。

⑩ 为幻灯片上的所有对象设置"退出"动画中的"淡出"效果,并将开始方式设置为上一动画之后。

步骤 2:设计与制作主页(幻灯片 2)。

主页主要说明从哪几个方面详细介绍荆州古城的具体情况,效果如图 3-4 所示。

图 3-4 主页效果

设计与制作步骤如下:

1)设置背景,方法同步骤 1。

2)绘制圆角矩形,设置填充为纯色填充,颜色为"白色,背景 1,深色 35%",透明度为 59%,无线条。

3)插入图片"位置.png""历史.png""气候.png""旅游.png""鼠标.png"。选中幻灯片中的"鼠标.png",将其移动到幻灯片左边画面外,并置于顶层。选中幻灯片中的"位置.png""历史.png""气候.png""旅游.png",将其分别移动到图 3-4 所示的位置。

4)绘制"位置"横排文本框,设置文本填充为"白色,背景 1"。将此文本框移动到图 3-4 所示的位置。"历史""气候""旅游""荆州城市介绍"文本框的制作方法同上。

5)为"鼠标.png"设置"路径"动画中的"直线"效果,将直线的终点位置移到"位置.png"处,且开始方式设置为与上一动画同时。

步骤 3:设计与制作地理位置页(幻灯片 3)。

幻灯片以动态擦除的效果显示荆州古城在地图上的大致位置,如图 3-5 所示。

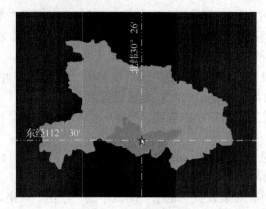

图 3-5　地理位置页效果

设计与制作步骤如下:

1)设置背景。单击"设计"|"变体"|"其他"下拉按钮,在弹出的下拉菜单中选择"背景样式"命令,设置背景为样式 4,并应用于所选幻灯片。

2)插入图片"地图.png""鼠标.png",调整位置并将"鼠标.png"置于顶层。

3)绘制五角星,设置填充为纯色填充,颜色为深红,线条为无线条。

4)绘制直线,设置线条为实线,宽度为 2.25 磅,短划线类型为长划线-点-点,颜色为"白色,文字 1"。通过复制和粘贴,产生其他 3 条线条,将其他 3 条线条摆放成图 3-5 所示的效果。

5)将五角星形状置于顶层。

6)绘制"东经 112° 30'"横排文本框,设置文本填充为"白色,背景 1",字体为黑体、28 号。利用相同的方法绘制"北纬 30° 26'"垂直文本框。将两个文本框分别移动到图 3-5 所示的位置。

7)为"鼠标.png"设置"路径"动画中的"直线"效果,且开始方式为与上一动画同时。

8)为五角星设置"进入"动画中的"出现"效果,且开始方式为与上一动画同时。

9)为"鼠标.png"设置"退出"动画中的"消失"效果,且开始方式为与上一动画同时。

10)为 4 条直线设置"进入"动画中的"擦除"效果,且开始方式为与上一动画同时,打开相应的效果选项对话框,选择"计时"选项卡,将期间设置为快速(1 秒)。

11)选中上方直线,打开其效果选项对话框,设置方向为自底部。利用同样的方法设置左边直线的方向为自右侧,下方直线的方向为自顶部,右边直线的方向为自左侧。

12)为两个文本框设置"进入"动画中的"出现"效果,且开始方式为与上一动画同时。

13)为 4 条直线设置"退出"动画中的"擦除"效果,且开始方式为上一动画之后,延迟 0.5 秒。

14)选中上方直线,打开其效果选项对话框,设置方向为自底部。利用同样的方法设置左边直线的方向为自左侧,下方直线的方向为自底部,右边直线的方向为自右侧。

15)为两个文本框设置"退出"动画中的"消失"效果,且开始方式为与上一动画同时。

步骤 4:设计与制作返回主页(幻灯片 4)。

通过单击的方式返回主页,效果如图 3-6 所示。

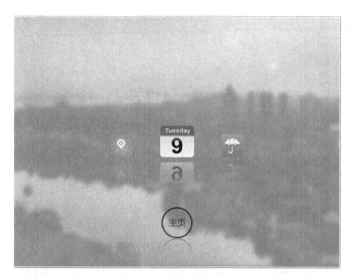

图 3-6　返回主页效果

设计与制作步骤如下：

1）设置背景。将"历史背景.png"设置为背景，且设置透明度为 50%，艺术效果为虚化。

2）插入图片"历史.png""气候.png""旅游.png""鼠标.png"。将"鼠标.png"移动到幻灯片左边画面外并置于顶层。设置"历史.png""气候.png""旅游.png"的映像为"全映像，4pt 偏移量"，分别调整其大小并移动到图 3-6 所示的位置。

3）绘制圆形，设置其高度和宽度均为 2.3 厘米，形状填充为无填充颜色，形状轮廓为"黑色，文字 1"。

4）选中刚绘制的圆形，通过复制和粘贴的方法产生一个相同的圆形，并使第二个圆形和第一个圆形完全重合。

5）选中第二个圆形，设置映像为"全映像，4pt 偏移量"，透明度为 65%，大小为 60%。

6）在圆形内插入"主页"文本框，设置字体为黑体、18 号。

7）框选幻灯片上的所有对象，为其设置"进入"动画中的"淡出"效果，且开始方式为与上一动画同时。

8）为"鼠标.png"设置"路径"动画中的"自定义路径"效果，且开始方式为上一动画之后。

9）选中文本框，为其设置"强调"动画中的"字体颜色"效果，并将字体颜色设置为倒数第二行第一列的颜色，且开始方式为上一动画之后，期间为非常快（0.5 秒）。

10）选中第二个圆形，为其设置"强调"动画中的"放大/缩小"效果，且尺寸为"自定义：120%"，开始方式为与上一动画同时。

11）为幻灯片上的所有对象设置"退出"动画中的"消失"效果，且开始方式为上一动画之后。

步骤 5：设计与制作从主页进入历史首页（幻灯片 5）。

通过单击幻灯片上的"历史"按钮，进入历史首页幻灯片，效果如图 3-7 所示。

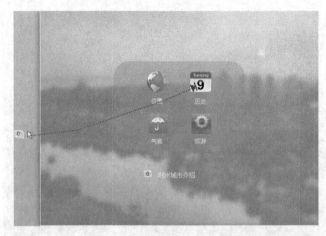

图 3-7　从主页进入历史首页效果

从主页进入历史首页的设计与制作方法同幻灯片 2，这里不再赘述。

步骤 6：设计与制作历史首页（幻灯片 6）。

历史首页以动态形式展示，效果如图 3-8 所示。

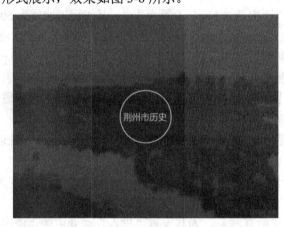

图 3-8　历史首页效果

设计与制作步骤如下：

1）设置背景，方法同步骤 4。

2）插入图片"历史背景.png"。

3）插入圆形，并将其高度和宽度均设置为 4.9 厘米。

4）设置圆形的形状填充为无填充颜色，形状轮廓为"白色，背景 1"，粗细为 3 磅。

5）在圆形内绘制"荆州市历史"文本框，设置文本填充为"白色，背景 1"，字体为黑体、24 号。

6）框选文本框和圆形，右击，在弹出的快捷菜单中选择"组合"｜"组合"命令。

7）选中"历史背景.png"，为其设置"进入"动画中的"淡出"效果，且开始方式为与上一动画同时。

8）选中组合的图，为其设置"进入"动画中的"出现"效果，且开始方式为上一动画之后，延迟 1 秒。

9）选中组合的图，为其设置"退出"中的动画"淡出"效果，且开始方式为上一动画之后，延迟 1 秒。

步骤 7：设计与制作历史页（幻灯片 7）。

历史页动态展示荆州的历史信息，效果如图 3-9 所示。

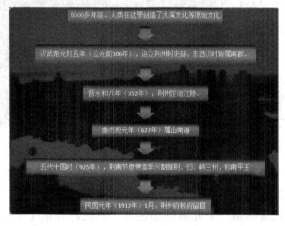

图 3-9　历史页效果

设计与制作步骤如下：

1）设置背景，方法同步骤 4。

2）单击"插入"｜"插图"｜"SmartArt"按钮，弹出"选择 SmartArt 图形"对话框，选择"流程"选项卡，在右边窗格中选择"垂直流程"选项，如图 3-10 所示，单击"确定"按钮。

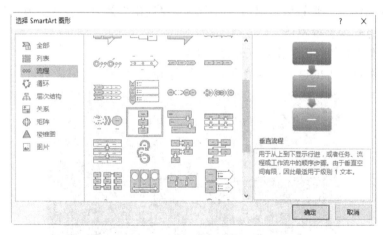

图 3-10　"选择 SmartArt 图形"对话框

3）单击"SmartArt 工具-设计"｜"创建图形"｜"文本窗格"按钮，弹出"在此处键入文字"任务窗格，在各项目符号右边输入各阶段荆州历史文字，最后一个输入完成后按 Enter 键，系统会自动增加文本项目。文字输入完成后，将文字全部选中，设置字体为宋体、18 号，如图 3-11 所示。

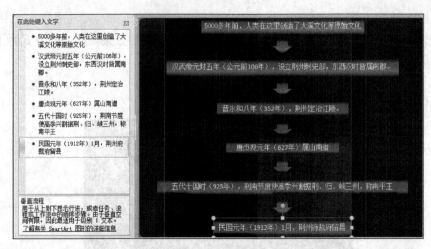

图 3-11　输入文本

4）关闭"在此处键入文字"任务窗格，调整 SmartArt 图形的大小和位置。

5）为 SmartArt 图形设置形状轮廓为无轮廓，填充为渐变填充，预设颜色为底部聚光灯-个性颜色 2，渐变光圈中第一个光圈的颜色为"白色，背景 1"，透明度为 100%，渐变光圈中第二个光圈的透明度为 50%。

6）为 SmartArt 图形设置"进入"动画中的"擦除"效果，且开始为与上一动画同时，方向为自顶部，组合图形方式为逐个。

7）打开"动画窗格"任务窗格，依次单击各动画项右边的下拉按钮，在弹出的下拉菜单中选择"计时"命令，弹出相应的效果选项对话框，在"计时"选项卡中依次修改开始方式为上一动画之后。

8）为 SmartArt 图形设置"退出"动画中的"淡出"效果，且开始方式为上一动画之后，组合图形方式为整批发送。

步骤 8：设计与制作天气主页（幻灯片 8）。

通过单击图标的方式进入天气情况页，效果如图 3-12 所示。

图 3-12　天气主页效果

设计与制作步骤如下：

1）参照幻灯片 4 的设计方法，设置本页幻灯片的背景，并插入图片、形状、文本框，效果如图 3-12 所示。

2）框选幻灯片上的所有对象，为其设置"进入"动画中的"出现"效果，且开始方式为与上一动画同时。

3）为"鼠标.png"设置"路径"动画中的"自定义路径"效果，且开始方式为上一动画之后。

4）为"天气.png"设置"强调"动画中的"透明"效果，且开始方式为上一动画之后。

步骤 9：设计与制作天气情况页（幻灯片 9）。

动态展示荆州天气情况，效果如图 3-13 所示。

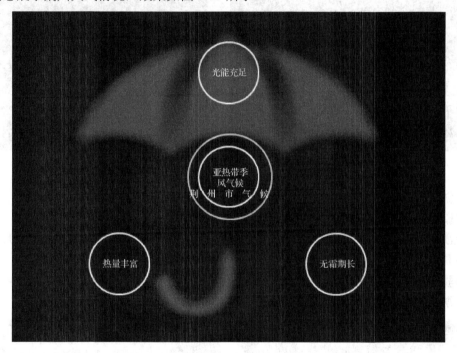

图 3-13　天气情况页效果

设计与制作步骤如下：

1）设置背景、绘制形状、插入文本框的操作方法在步骤 4 中已经介绍，这里不再赘述。

2）选中"荆州市气候"组合图，为其设置"进入"动画中的"出现"效果，且开始方式为与上一动画同时。

3）为"荆州市气候"组合图设置"退出"动画中的"淡出"效果，且开始方式为上一动画之后，延迟 1 秒。

4）选中"亚热带季风气候"组合图，为其设置"进入"动画中的"淡出"效果，且开始方式为上一动画之后，延迟 0.3 秒。

5）选中 3 个圆形，为其设置"进入"动画中的"淡出"效果，且开始方式为上一动画之后。

6）选中 3 个圆形，为其设置"路径"动画中的"直线"效果，将直线的起点和终点分别调整到图 3-14 所示的位置。设置开始方式为与上一动画同时。

7）选中 3 个文本框，为其设置"进入"动画中的"淡出"效果，且开始方式为上一动画之后，延迟 0.3 秒。

8）框选所有的对象，为其设置"退出"动画中的"淡出"效果，且开始方式为上一动画之后，延迟 2 秒。

步骤 10：设计与制作旅游主页（幻灯片 10）。

通过单击图标的方式进入旅游主页，效果如图 3-15 所示。

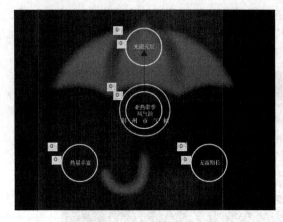

图 3-14　直线路径图　　　　　图 3-15　旅游主页效果

旅游主页的设计与制作方法参照幻灯片 8，这里不再赘述。

步骤 11：设计与制作旅游首页（幻灯片 11）。

旅游首页以动态形式展示，效果如图 3-16 所示。其设计与制作方法参照幻灯片 6，这里不再赘述。

步骤 12：设计与制作旅游信息页（幻灯片 12）。

旅游信息页以定位地理位置的方式介绍景点信息，效果如图 3-17 所示。

图 3-16　旅游首页效果　　　　　图 3-17　旅游信息页 1 效果

旅游信息页的设计与制作步骤如下：

1）设置背景，插入图片对象、文本框，并组合图片，需要注意的是，应将"热点.png"

设置为置于底层。

2）为"热点.png"设置"进入"动画中的"旋转"效果，且开始方式为与上一动画同时，期间为 1.5 秒，重复为 1.5。

3）为"旅游背景.png"设置"进入"动画中的"淡出"效果，且开始方式为上一动画之后。

4）为组合图设置"进入"动画中的"浮入"效果，且开始方式为上一动画之后。

5）为"旅游背景.png"和组合图设置"退出"动画中的"淡出"效果，且开始方式为上一动画之后，延迟 2 秒。

6）参照上述方法，完成旅游信息页 2（幻灯片 13）、旅游信息页 3（幻灯片 14）、旅游信息页 4（幻灯片 15）的设计与制作。

步骤 13：设计与制作结束页（幻灯片 16）。

结束页以"首页.jpg"为背景，以滚动字、缩放字和变色字展示结束页面，效果如图 3-18 所示。

图 3-18　结束页效果

设计与制作步骤如下：

1）插入"首页.jpg"图片。

2）复制 2 张"首页.jpg"图片。

3）调整 3 张"首页.jpg"图片，使它们完全重叠并对齐。

4）选中最上面的图片，单击"图片工具-格式"|"大小"|"裁剪"按钮，向上拖动控制点至合适位置，完成后单击幻灯片画面外的任意处。

5）选中第二张图片，利用步骤 4）的方法调整到合适位置。

6）插入横排文本框，输入素材来源、制作者、制作时间。选中全部文字，右击，在弹出的快捷菜单中选择"字体"命令，弹出"字体"对话框，设置中文字体为华文行楷，字体样式为加粗，大小为 24 号，颜色为黄色。再次右击，在弹出的快捷菜单中选择"段落"命令，弹出"段落"对话框，设置行距为 1.5 倍。图片裁剪与文字效果如图 3-19 所示。

7）为文本框设置"进入"动画中的"飞入"效果，且开始方式为与上一动画同时，期间为 8 秒。

8）选中位于中间的首页图片，为其设置"强调"动画中的"透明"效果，且开始方式为与上一动画同时，期间为 8 秒。

图 3-19　图片裁剪与文字效果

9）选中上、下两张图片，右击，在弹出的快捷菜单中选择"置于顶层"｜"置于顶层"命令。

10）插入横排文本框，输入"再见"，并设置中文字体为黑体，字体样式为加粗，大小为 120 号，颜色为黄色。

11）选中文本框，为其设置"进入"动画中的"缩放"效果，且开始方式为上一动画之后；并设置"强调"动画中的"字体颜色"效果，且开始方式为上一动画之后，重复为直到下一次单击，字体颜色为黄色，样式为绿黄。

12）保存文件。选择"文件"｜"另存为"命令，打开"另存为"面板，选择"浏览"选项，弹出"另存为"对话框，保存在素材文件夹中，输入文件名"荆州古城"，单击"保存"按钮。

步骤 14：输出为视频。

1）选择"文件"｜"导出"命令，打开"导出"面板，选择"创建视频"选项，打开"创建视频"面板。

2）选择文件质量和计时、旁白功能后，弹出"另存为"对话框，单击"创建视频"按钮，找到素材文件夹，输入文件名"荆州古城"，单击"保存"按钮。

实验项目 3.2　景区宣传展示幻灯片的设计与制作

相关知识点

1）利用 PowerPoint 2016 可以对多张图片进行处理，如统一调整大小、对齐等。

2）触发器的应用可以使用户方便地进行演示文稿设计。

3）动画是 PowerPoint 中的一项重要功能。用户可以将各种幻灯片的内容以动画的方式展示出来，增强幻灯片的互动性、展示的条理性，使观众脱离思维发散的状态。由于 PowerPoint 2016 提供的动画效果较多，本书不可能通过几个案例对所有动画效果进行介绍。学生可以自己尝试不同动画的设置方法，感受不同的动画效果。

实验目的

1）掌握插入图片及其格式设置的方法。
2）掌握绘制形状及其格式设置的方法。
3）掌握幻灯片切换效果的设置方法。
4）掌握素材的组合、位置与层次调整的方法。
5）掌握素材动画的设置方法及触发器的使用方法。

实验要求

第三届中国最佳旅游景区评选大会即将召开，一份真实新颖的景点展示能够吸引观众的注意，进而使其产生到此景点一游的愿望。作为九寨沟景区市场开发部门主管助理的小李要制作一份精美的景区宣传演示文稿来参加此次大会的评选。具体要求如下：

1）设计与制作首页。首页主要以一副画展开和动态变色文字来展示风景如画的意境，效果如图 3-20 所示。

图 3-20　景点介绍效果

2）设计与制作九寨沟图片展示。该张幻灯片以一幅幅九寨沟图片渐变显示和电影胶卷移动展示风景如画的九寨沟，效果如图 3-21 所示。

图 3-21　九寨沟图片展示效果

3）将整个演示文稿输出为视频。

实验步骤

步骤 1：设计与制作首页。

1）设计背景。新建幻灯片，删除幻灯片中的占位符。单击"设计"｜"变体"｜"其他"下拉按钮，在弹出的下拉菜单中选择"背景样式"｜"样式 4"命令，将背景设置为黑色。

2）制作上下线条。

① 单击"插入"｜"插图"｜"形状"下拉按钮，在弹出的下拉菜单中选择"直线"选项。在幻灯片上方拖动鼠标，绘制从左到右的直线，同理在幻灯片下方绘制从右到左的直线。

② 选中两条直线，右击，在弹出的快捷菜单中选择"设置形状格式"命令，弹出"设置形状"任务窗格，点选"实线"单选按钮。单击"颜色"下拉按钮，在弹出的下拉菜单中选择"其他颜色"命令，弹出"颜色"对话框，选择"青绿色"选项，单击"确定"按钮。

③ 设置线条的宽度为 6 磅，在"复合类型"下拉列表框中选择"双线"选项，单击"关闭"按钮。

④ 选中上、下线条，单击"动画"｜"高级动画"｜"添加动画"下拉按钮，在弹出的下拉菜单中选择"进入"列表中的"擦除"选项。

⑤ 单击"动画"｜"高级动画"｜"动画窗格"按钮，弹出"动画窗格"任务窗格。单击动画项右边的下拉按钮，在弹出的下拉菜单中选择"计时"命令，弹出相应的效果选项对话框，设置开始方式为与上一动画同时，期间为中速（2 秒），单击"确定"按钮。

⑥ 选中上线条，单击"动画窗格"任务窗格中动画项右边的下拉按钮，在弹出的下拉

菜单中选择"效果选项"命令，弹出相应的效果选项对话框，设置方向为自左侧。选中下线条，用同样方法设置方向为自右侧。

3）制作画卷展开。

① 插入图片"10.jpg"，选中图片，并将图片适当放大。单击"图片工具-格式"｜"排列"｜"对齐"下拉按钮，在弹出的下拉菜单中选择"垂直居中"命令，将图片置于幻灯片中间。

② 单击"插入"｜"插图"｜"形状"下拉按钮，在弹出的下拉菜单中选择"矩形"选项，在幻灯片中间位置绘制矩形。选中矩形，右击，在弹出的快捷菜单中选择"设置形状格式"命令，弹出"设置形状格式"任务窗格，点选"渐变填充"单选按钮，设置类型为线性，角度为 0，左边和右边的渐变光圈均为"水绿色，强调文字颜色 5，淡色 60%"，中间渐变光圈为"灰色-50%"，点选"无线条"单选按钮。按住 Ctrl 键，拖放鼠标到相邻位置，复制一个矩形。

③ 用上面的方法绘制两个矩形，大小以能盖住图片左右两部分为准，设置填充和轮廓均为黑色，如图 3-22 所示。

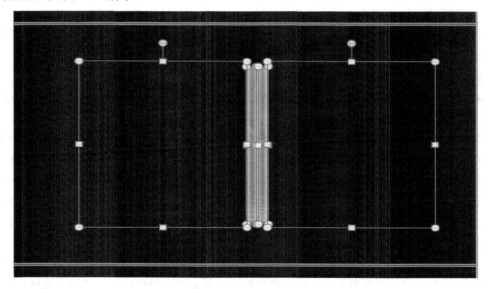

图 3-22　矩形制作

选中左边两矩形，右击，在弹出的快捷菜单中选择"组合"｜"组合"命令，进行组合，用相同的方法将右边两矩形组合。

④ 选中左边组合，单击"动画"｜"高级动画"｜"添加动画"下拉按钮，在弹出的下拉菜单中选择"其他路径动画"命令，弹出"添加动作路径"对话框，选择"向左"选项。按住 Shift 键，拖动路径端点，水平延长路径，单击"高级动画"｜"动画窗格"按钮，弹出"动画窗格"任务窗格，单击路径动画项右边的下拉按钮，在弹出的下拉菜单中选择"计时"命令，弹出相应的效果选项对话框，在"开始"下拉列表框中选择"与上一动画同时"选项，在"期间"下拉列表框中选择"非常慢（5 秒）"选项，单击"确定"按钮。用相同的方法制作右边组合的"向右"路径动画，如图 3-23 所示。

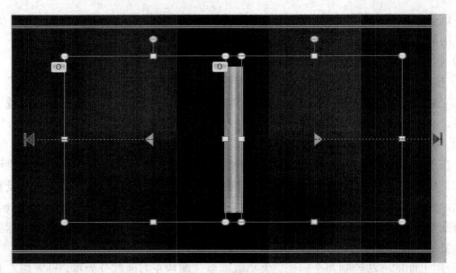

图 3-23　设置路径动画

4）制作标题。

① 单击"插入"|"文本"|"文本框"下拉按钮，在弹出的下拉菜单中选择"横向文本框"命令，绘制一个文本框，输入文字"九寨沟 美如画"。

② 选中文字，右击，在弹出的快捷菜单中选择"设置文本效果格式"命令，弹出"设置形状格式"任务窗格，设置文本填充为纯色填充，颜色为紫色，阴影颜色为黑色，映像为"全映像，8pt 偏移量"。

③ 选中文字，单击"动画"|"高级动画"|"添加动画"下拉按钮，在弹出的下拉菜单中选择"进入"列表中的"出现"选项。单击"高级动画"|"动画窗格"按钮，弹出"动画窗格"任务窗格，单击"出现"动画项右边的下拉按钮，在弹出的下拉菜单中选择"计时"命令，弹出相应的效果选项对话框，在"开始"下拉列表中选择"上一动画之后"选项，选择"效果"选项卡，在"动画文本"下拉列表框中选择"按字母"选项，演示描述为 0.2 秒，单击"确定"按钮。

④ 选中文字，单击"动画"|"高级动画"|"添加动画"下拉按钮，在弹出的下拉菜单中选择"强调"列表中的"字体颜色"选项。单击"高级动画"|"动画窗格"按钮，弹出"动画窗格"任务窗格，单击"字体颜色"动画项右边的下拉按钮，在弹出的下拉菜单中选择"计时"命令，设置开始方式为上一动画之后，期间为中速（2 秒），重复为直到下一次单击。选择"效果"选项卡，设置字体颜色为红色，样式为彩色，动画文本为按字母，延时百分比为 10，单击"确定"按钮。

5）制作景点介绍。

① 单击"插入"|"插图"|"形状"下拉按钮，在弹出的下拉菜单中选择"对角圆角矩形"选项。在幻灯片图片中间位置绘制对角圆角矩形，右击，在弹出的快捷菜单中选择"设置形状格式"命令，弹出"设置形状格式"任务窗格。选择填充为纯色填充，颜色为"黑色，背景 1"，透明度为 75%，选择线条为实线，颜色为"白色，文字 1"，宽度为 2.5 磅，单击"关闭"按钮。单击"幻灯片放映"按钮，根据画卷大小，拖动控制块将对角

圆角矩形调整为画卷内大小。选中对角圆角矩形，右击，在弹出的快捷菜单中选择"编辑文字"命令，输入景点介绍文字，适当设置文字格式。

② 单击"插入"｜"文本"｜"文本框"下拉按钮，在弹出的下拉菜单中选择"纵向文本框"命令，在右上方绘制一个文本框，输入文字"景点简介"，并适当调整其格式。

③ 选中对角圆角矩形，单击"动画"｜"高级动画"｜"添加动画"下拉按钮，在弹出的下拉菜单中选择"进入"列表中的"出现"选项，单击"动画窗格"按钮，弹出"动画窗格"任务窗格，单击"出现"动画项右边的下拉按钮，在弹出的下拉菜单中选择"计时"命令，弹出相应的效果选项对话框，选择开始方式为单击时，单击"触发器"按钮，展开对话框，点选"单击下列对象时启动效果"单选按钮，在其右边的下拉列表框中选择"Textbox2:景点介绍"选项，单击"确定"按钮。

④ 选中对角圆角矩形，添加"退出"动画中的"消失"效果，在"动画窗格"任务窗格中，将"消失"动画项下移到"出现"动画项下方，单击其右边的下拉按钮，在弹出的下拉菜单中选择"计时"命令，弹出相应的效果选项对话框，设置开始方式为与上一动画同时，在"延迟"数值框中输入"50秒"，单击"确定"按钮。

⑤ 选中对角圆角矩形，添加"退出"中的动画"消失"效果，将其下移至最后，单击该动画项右边的下拉按钮，在弹出的下拉菜单中选择"计时"命令，弹出相应的效果选项对话框，设置开始方式为单击时，单击"确定"按钮。效果如图 3-24 所示。

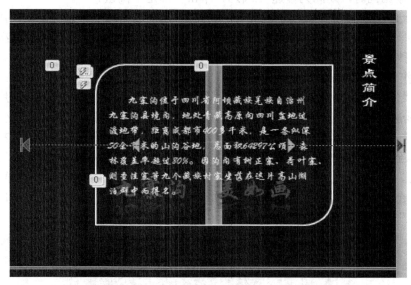

图 3-24　景点介绍效果

⑥ 插入一个纵向文本框，输入文字"继续"，适当调整其格式。框选"景点介绍"和"继续"文字，单击"开始"｜"绘图"｜"排列"下拉按钮，在弹出的下拉菜单中选择"对齐"｜"左对齐"命令。

插入音频"神奇的九寨.wav"，并设置其开始方式为跨幻灯片播放，勾选"放映时隐藏"复选框。在"动画窗格"任务窗格中，将其拖动至第一个位置。

选中"继续"文本框，将其链接到"下一张幻灯片"。

步骤 2：设计与制作九寨沟图片展示。

1）制作上方层叠淡出展示九寨沟图片。

① 添加"空白"版式幻灯片，插入图片"1.jpg"～"9.jpg"。

② 单击"设计"｜"自定义"｜"幻灯片大小"下拉按钮，在弹出的下拉菜单中选择"自定义幻灯片大小"命令，弹出"幻灯片大小"对话框，设置幻灯片的宽度和高度分别为25.4 厘米、19.05 厘米。

③ 选中所有图片，右击，在弹出的快捷菜单中选择"大小和位置"命令，弹出"设置图片格式"任务窗格，取消"锁定纵横比"复选框的勾选，设置高度为 14 厘米，宽度为25.4 厘米。展开"位置"组，设置水平位置为 0 厘米，自左上角，垂直位置为 0 厘米，自左上角，单击"关闭"按钮，使图片大小相同对齐重叠。

④ 选中所有图片，按住 Ctrl 键，拖动图片至幻灯片底部，即复制所有图片。选中幻灯片底部所有图片，右击，在弹出的快捷菜单中选择"大小和位置"命令，弹出"设置图片格式"任务窗格，勾选"锁定纵横比"复选框，设置高度为 4 厘米，按比例缩放所有图片。

⑤ 框选上方所有图片，拖动图片，并利用"图片工具-格式"选项卡"排列"组中的"置于底层""上移一层""下移一层"命令，将图片从下到上按"1.jpg"～"9.jpg"的顺序叠放，再利用"对齐"下拉菜单中的"左对齐"和"顶端对齐"命令，对齐幻灯片上部。

⑥ 框选上方所有图片，为其设置"进入"动画中的"淡出"效果，设置动画的开始方式为与上一动画同时，期间为慢速（3 秒），单击"确定"按钮。

⑦ 从上向下依次单击"动画窗格"任务窗格中动画项右边的下拉按钮，在弹出的下拉菜单中选择"计时"命令，弹出相应的效果选项对话框，在"计时"选项卡依次修改延迟为 0 秒、7 秒、14 秒、21 秒、28 秒、35 秒、42 秒、49 秒、56 秒。

2）制作 3 只飞鸟重复飞效果。

① 将"鸟"图片拖动到幻灯片上方左边画面外，按住 Ctrl 键，两次拖动图片到前后交错位置，形成 3 只鸟。框选 3 只鸟，拖动右下角控制块，适当调整 3 只鸟的大小。

② 框选 3 只鸟，为其设置"动作路径"动画中的"自定义路径"效果，从左边 3 只鸟处拖动鼠标至右边画面外，绘制飞鸟的路径，至终点后双击即可。打开效果选项对话框，选择"计时"选项卡，设置动画的开始方式为与上一动画同时，延迟 1 秒，期间为 7 秒，重复为 5，选择"效果"选项卡，拖动"平稳开始""平稳结束"滑块，设置时间为 0 秒，单击"确定"按钮。效果如图 3-25 所示。

图 3-25　3 只鸟路径动画

3）制作电影胶片移动效果。

① 调整左下方小图，使图片的层叠顺序从下到上分别为"1.jpg"～"9.jpg"。框选全部小图，设置对齐方式为左对齐和底端对齐。依次右击小图，在弹出的快捷菜单中选择"大小和位置"命令，展开"位置"组，依次设置水平位置为 7.26 乘以 8、7、6、5、4、3、2、1 所得的数值，使所有小图相连排成一列。框选整列小图，将其组合。

② 在小图上方位置绘制矩形，右击，在弹出的快捷菜单中选择"设置形状格式"命令，弹出"设置形状格式"任务窗格，设置填充为纯色填充，颜色为"黑色，背景 1，淡色 25%"；线条为无线条；选择"大小与属性"选项卡，设置高度为 5.35 厘米，宽度为 65.34 厘米。选中黑色矩形，将其置于底层。按住 Shift 键，单击小图组合，单击"图片工具-格式"｜"排列"｜"对齐"下拉按钮，在弹出的下拉菜单中选择"对齐所选对象"命令，用相同的方法依次选择"左对齐"和"上下居中"命令，最后组合对象。

③ 在小图上方灰边上绘制一圆角矩形，设置大小为高度 0.5 厘米、宽度 0.4 厘米。利用复制、粘贴及键盘上的方向键，在小图上方制作出一列小圆角矩形。框选制作的一列小圆角矩形，利用复制、粘贴及键盘上的方向键，在小图下方制作出一列小圆角矩形。框选电影胶片全部元素，使其组合为一体。

④ 选中电影胶片元素，单击"添加动画"下拉按钮，在弹出的下拉菜单中选择"其他动作路径"命令，弹出"添加动作路径"对话框，选择"向左"选项，单击"确定"按钮。打开"动画窗格"任务窗格，单击"路径"动画项右边的下拉按钮，在弹出的下拉菜单中选择"计时"命令，弹出相应的效果选项对话框，设置动画的开始方式为与上一动画同时，"期间"为 21 秒，重复为 3。选择"效果"选项卡，拖动"平稳开始""平稳结束"滑块，设置时间为 0 秒，单击"确定"按钮。拖动路径终点的红色标记，调整路径长度，通过单击"幻灯片放映"按钮测试，使动画播放时所有小图均可见。最终效果如图 3-26 所示。

图 3-26　电影胶片效果

4）设置幻灯片切换效果。

单击"切换"｜"切换到此幻灯片"｜"其他"下拉按钮，在弹出的下拉列表中选择"动态内容"列表中的"轨道"选项。

实验项目 3.3　"新能源汽车"演示文稿的设计与制作

相关知识点

1）为了使报告式演示文稿更加美观和生动，避免报告内容在幻灯片中平铺直叙、文字堆叠，常常要对演示文稿进行版式设计、母版设计、动画和切换效果添加、多种素材引入、多页幻灯片间灵活跳转设置等。

2）版式设计的重点在于，版式要和幻灯片内容相辅相成，能够对要放置在幻灯片中的多种素材的布局进行合理安排。

3）演示文稿中可以包含文字、图片、形状、表格、图表、音频、视频、超链接等多种元素。在演示文稿的制作过程中，不仅要掌握素材的插入方法，还应掌握对引入的各种素材进行格式设置的方法，使其适应幻灯片的整体风格和布局。

4）报告式演示文稿在表达内容的同时，应更加生动，使用动画效果可以做到快速形象地表达信息。在使用动画效果时，不仅需要选择动作，还要注意时间编排和对节奏的把握。

5）幻灯片播放时，上下幻灯片之间的过渡不能过于生硬，应使用切换效果，使幻灯片间的过渡更加自然。切换的选择和时间设置比动画简单，是一种特殊的动画。

实验目的

1）掌握为演示文稿设置母版样式的方法。
2）掌握在幻灯片中插入图片和编辑图片的方法。
3）掌握在幻灯片中绘制和编辑各种形状的方法。
4）掌握为幻灯片中的对象添加动画效果和动画编排的方法。
5）掌握为幻灯片添加切换效果的方法。

实验要求

新能源汽车是指除汽油、柴油发动机汽车之外的所有其他能源汽车，包括燃料电池汽车、混合动力汽车、氢能源动力汽车和太阳能汽车等。目前，中国市场上在售的新能源汽车多是混合动力汽车和纯电动汽车。2019 年上半年，我国出台多项汽车行业新能源的相关政策，各省市也相继出台了多项有关新能源汽车的推广方案、补贴政策及电动汽车充电基础设施建设规划。为了更好地了解新能源汽车的相关政策，现要求学生根据"新能源汽车.docx"文档中的内容，按自己的视角设计演示文稿，总体效果如图 3-27 所示。

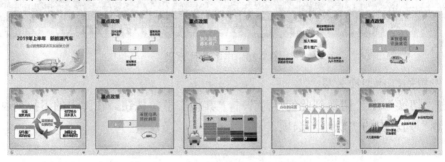

图 3-27　总体效果

实验步骤

步骤 1：新建演示文稿并设置母版。

1）新建演示文稿。打开 PowerPoint 2016，选择"文件"｜"新建"命令，在打开的"新建"面板中选择"空白演示文稿"选项，这样就新建了一个空白演示文稿，将该演示文稿另存为"新能源汽车.pptx"。

2）在母版中设置背景。单击"视图"｜"母版视图"｜"幻灯片母版"按钮，进入幻灯片母版视图，选中左边第一张幻灯片，然后单击"背景"｜"背景样式"下拉按钮，在弹出的下拉菜单中选择"设置背景格式"命令，弹出"设置背景格式"任务窗格，设置填充为渐变填充，进一步设置左边渐变光圈的颜色为"白色，背景 1"，右边渐变光圈的颜色为浅绿，关闭任务窗格。

3）在母版视图中插入图片。单击"插入"｜"图像"｜"图片"按钮，弹出"插入图片"对话框，选中素材图片"图片 1.png"，单击"插入"按钮。插入图片后，将图片拖动到幻灯片上方，与幻灯片顶端对齐。

4）单击"关闭母版视图"按钮，退出母版视图，返回普通视图。

步骤 2：封面页幻灯片的制作。

1）新建第一页幻灯片。单击"开始"｜"幻灯片"｜"新建幻灯片"下拉按钮，在弹出的下拉菜单中选择"标题幻灯片"选项。第一张幻灯片便插入演示文稿中。

2）设置标题。选中第一张幻灯片，在"单击此处添加标题"占位符中输入标题名"2019年上半年　新能源汽车"，并将其设置为微软雅黑、44 号、加粗。

3）设置副标题。在"单击此处添加副标题"占位符中输入副标题"重点政策解读及发展前景分析"。按照同样的方式，将副标题设置为微软雅黑、32 号、加粗。

第一张幻灯片效果如图 3-28 所示。

图 3-28　第一张幻灯片效果

步骤 3：制作目录页幻灯片。

1）添加幻灯片。单击"新建幻灯片"下拉按钮，在弹出的下拉菜单中选择"仅标题"版式。目录页幻灯片即插入当前演示文稿。

2）在"标题"占位符中输入标题"重点政策"。

3）为目录页添加矩形。

① 单击"插入"｜"插图"｜"形状"下拉按钮，在弹出的下拉菜单中选择"矩形"选项，然后在当前幻灯片中绘制适当大小的矩形，并将该矩形的形状填充设置为纯色填充、橙色；将其形状轮廓设置为"橙色，强调文字颜色 6，深色 50%"，并将粗细设置为实线、2.25 磅。

② 将设置好的矩形复制并粘贴两次，此时目录页中共有 3 个矩形，将它们做适当排列，然后修改第二个矩形的形状填充为黄色，修改第三个矩形的形状填充为浅绿。

③ 在 3 个矩形的正中位置分别插入"文本框"，并分别输入"1""2""3"，调整 3 个数字的字体、字号和颜色。

4）为目录页添加肘形连接符形状。

① 在当前目录页中插入 3 个肘形连接符，选中这 3 个形状，打开"设置形状格式"任务窗格，设置其线型为 2.25 磅、单线，设置线条颜色为"橙色，强调文字颜色 6，深色 50%"。

② 通过"旋转"下拉菜单下面的相关功能，分别调整 3 个肘形连接符的方向，并放置于适当位置。

③ 添加 3 个文本框，分别在其中输入"加大新能源车推广""重视电池回收利用""重视基础设施建设"，并将其中的文字设置为微软雅黑、24 号、加粗，最后将它们放置在适当位置。

目录页效果如图 3-29 所示。

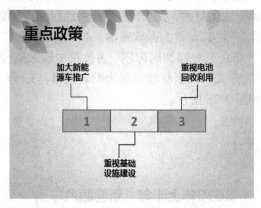

图 3-29　目录页效果

步骤 4：制作第三张幻灯片。

1）创建第三张幻灯片。在左边窗格中选中第二张幻灯片，右击，在弹出的快捷菜单中选择"复制"命令，并将其粘贴至第二张幻灯片之后，即创建了第三张幻灯片。将其中的 3 个肘形连接符和 3 个文本框删除。

2）为第三张幻灯片添加内容。

① 适当调整第一个矩形的大小，将其形状轮廓调整为无轮廓，设置形状效果中的映像为"紧密映像，接触"，发光为"橄榄色，8pt 发光，强调文字颜色 3"。

② 插入图片素材"图片 3.jpg"，适当调整图片的位置和大小，并选中图片，利用删除背景功能，将图片的白色背景删除。

第三张幻灯片效果如图 3-30 所示。

图 3-30　第三张幻灯片效果

步骤 5：制作第四张幻灯片。

1）创建第四张幻灯片。在左边窗格中的第三张幻灯片后单击，然后单击"新建幻灯片"下拉按钮，在弹出的下拉菜单中选择"空白"版式，即创建了第四张幻灯片。

2）为第四张幻灯片添加两个椭圆形状。

① 在幻灯片中绘制两个椭圆，第一个椭圆的高度和宽度均设置为 10.7 厘米，第二个椭圆的高度和宽度设置为 7.85 厘米。将两个圆形的形状轮廓都设置为无轮廓。

② 较大圆形的形状填充设置为渐变填充，渐变类型为线性，渐变角度为 45°。渐变的光圈数为 5，各光圈的滑块均匀摆放，颜色分别设置为"白色，背景 1，深色 25%""白色，背景 1，深色 50%""白色，背景 1，深色 5%""白色，背景 1，深色 35%""白色，背景 1，深色 5%"。

③ 较小圆形的形状填充设置为渐变填充，渐变类型为线性，渐变角度为 45°。渐变的光圈数为 3，各光圈的滑块均匀摆放，颜色分别设置为"白色，背景 1，深色 35%""白色，背景 1""白色，背景 1，深色 35%"。

④ 使用对齐功能，使两个圆形中心重合放置于幻灯片正中位置，较大的圆形置于底层，较小圆形在较大圆形的上一层。

3）为第四张幻灯片添加更多形状。

① 在幻灯片中绘制一个椭圆，设置高度和宽度均为 4 厘米，形状轮廓为无轮廓。

② 复制该形状，并粘贴两次，此时，幻灯片中有 3 个小的圆形。将 3 个小圆形分别放在之前两个大圆形的周围，均匀摆放。

③ 选中 3 个小圆形，设置形状填充为图片，在弹出的"插入图片"对话框中分别为它们选择"图片 4-1.jpg""图片 4-2.jpg""图片 4-3.jpg"。

④ 在幻灯片中插入图片"图片 4-4.png"，对该形状进行复制，并粘贴两次。此时，幻灯片中有 3 个圆形透明蒙版图像，将它们分别放置在之前的 3 个小圆形上，形成蒙版效果。

4）为第四张幻灯片添加文本框。

① 在幻灯片中插入 4 个文本框，分别输入"加大新能源车推广""重视电池领域的革命性突破""推动新能源汽车品质提升""促进新能源补贴资金合理使用"。

② 调整 4 个文本框的位置，将中间文本框内的文字格式设置为微软雅黑、24 号、加粗，周围的 3 个文本框内文字设置为微软雅黑、32 号、加粗。

第四张幻灯片效果如图 3-31 所示。

图 3-31　第四张幻灯片效果

步骤 6：制作第五张幻灯片。

1）创建第五张幻灯片。在左边窗格中选中第二张幻灯片，右击，在弹出的快捷菜单中选择"复制"命令，并将其粘贴至第四张幻灯片之后，即创建了第五张幻灯片。将其中的 3 个肘形连接符和 3 个文本框删除。

2）为第五张幻灯片添加内容。

① 适当调整第二个矩形的大小，将其形状轮廓设置为无轮廓，形状填充设置为"白色，背景 1，深色 25%"，为矩形设置形状效果，映像为"紧密映像，接触"，发光为"橄榄色，8pt 发光，强调文字颜色 3"。

② 插入图片素材"图片 5.jpg"，适当调整图片的位置和大小，并选中图片，利用删除背景功能，将图片的白色背景删除。

第五张幻灯片效果如图 3-32 所示。

图 3-32　第五张幻灯片效果

步骤 7：制作第六张幻灯片。

1）创建第六张幻灯片。在左边窗格中的第五张幻灯片后单击，然后单击"新建幻灯片"下拉按钮，在弹出的下拉菜单中选择"空白"版式，即创建了第六张幻灯片。

2）为第六张幻灯片添加环形箭头形状。

① 单击"插入"｜"插图"｜"形状"下拉按钮，在弹出的下拉菜单中选择"环形箭头"选项，绘制一个默认大小的环形箭头。选中该环形箭头，拖动箭头尾部的黄色顶点，使环形箭头变短；使用"编辑形状"下拉菜单中的"编辑顶点"命令，对箭头部分的多个顶点进行拖动，改变箭头的方向和箭头部分的大小。选中箭头，将宽度和高度分别设置为 3.8 厘米、4.45 厘米。

② 将该环形箭头的形状填充设置为渐变填充，渐变光圈数为 2，颜色分别设置为"白色，背景 1，深色 25%"和"橙色"。设置形状轮廓为无轮廓。

③ 选中箭头，右击，在弹出的快捷菜单中选择"设置形状格式"命令，弹出"设置形状格式"任务窗格，展开"阴影"组，设置预设为右下斜偏移，颜色为紫色，透明度为 15%，距离为 14 磅；展开"三维格式"组，设置顶部棱台和底部棱台均设置为角度，宽度和高度均设置为 1.1 磅，深度中的颜色设置为紫色，大小为 14 磅。

④ 将该箭头复制，并粘贴 3 次。此时，幻灯片中包含 4 个环形箭头。将粘贴得到的 3 个箭头的形状填充分别更改为从"橄榄色，强调文字颜色 3，深色 25%"到"橙色，强调文字颜色 6，深色 25%"、从"白色，背景 1，深色 15%"到"蓝色"、从"黑色，文字 1"到"橄榄色，强调文字颜色 3"。

⑤ 在"设置形状格式"任务窗格中将 4 个箭头的旋转角度分别设置为 20°、110°、200°、290°。然后，将 4 个箭头的位置进行调整。

3）为第六张幻灯片添加圆角矩形形状。

① 在幻灯片中绘制一个圆角矩形，高度和宽度分别设置为 4.45 厘米、7.05 厘米，设置形状轮廓为无轮廓。将该形状复制，并粘贴 3 次。此时，幻灯片中有 4 个圆角矩形，分别将它们的形状填充设置为"橙色，强调文字颜色 6""橄榄色，强调文字颜色 3，深色 25%""红色，强调文字颜色 2""橄榄色，强调文字颜色 3，深色 50%"。

② 在幻灯片中再次绘制一个圆角矩形，高度和宽度分别设置为 3.1 厘米、6.7 厘米，设置形状轮廓为无轮廓，形状填充设置为"白色，背景 1"。将该形状复制，并粘贴 3 次。此时，幻灯片中有 4 个白色圆角矩形。

③ 将 4 个较大的圆角矩形的位置进行调整，并将 4 个较小的圆角矩形分别放置在 4 个较大的圆角矩形上。

4）为第六张幻灯片添加文本框。

① 在幻灯片中插入 5 个文本框，分别输入文字"重视基础设施建设""完善配套政策""引导社会资本进入""总结推广成功经验""加强企业服务和指导"。调整 5 个文本框的位置，将文本框内文字的字体设置为微软雅黑、28 号、加粗。

② 再次插入 4 个文本框，在其中分别输入"1""2""3""4"，并放置在适当位置。

第六张幻灯片效果如图 3-33 所示。

图 3-33　第六张幻灯片效果

步骤 8：制作第七张幻灯片。

1）创建第七张幻灯片。在左边窗格中复制第二张幻灯片，并将其粘贴至第六张幻灯片之后，即创建了第七张幻灯片。将其中的 3 个肘形连接符和 3 个文本框删除。

2）为第七张幻灯片添加内容。

① 适当调整第三个矩形的大小，将其形状轮廓调整为无轮廓，形状填充调整为浅绿，为矩形添加"形状效果"，映像为"紧密映像，接触"，发光为"橄榄色，8pt 发光，强调文字颜色 3"。

② 插入图片素材"图片 7.jpg"，适当调整图片的位置和大小，并选中图片，利用删除背景功能，将图片的白色背景删除。

第七张幻灯片效果如图 3-34 所示。

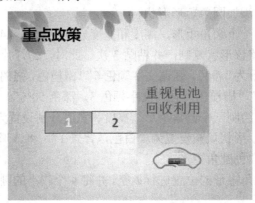

图 3-34　第七张幻灯片效果

步骤 9：制作第八张幻灯片。

1）创建第八张幻灯片。在左边窗格中的第七张幻灯片后单击，然后单击"新建幻灯片"下拉按钮，在弹出的下拉菜单中选择"空白"版式，即创建了第八张幻灯片。

2）为第八张幻灯片添加图片。在幻灯片中插入图片素材"图片 8.png"，调整图片位置和大小，置于幻灯片左侧。

3）为第八张幻灯片添加圆角矩形，制作电池示意图。

① 在幻灯片中添加一个圆角矩形，将高度和宽度设置为 8.4 厘米、3.45 厘米，将形状轮廓设置为无轮廓；将形状填充设置为纯色填充，填充颜色为蓝色，透明度为 70%。

② 在幻灯片中再次添加两个圆角矩形，宽度均设置为 4.3 厘米，高度分别设置为 0.78 厘米和 1.96 厘米，形状轮廓均设置为无轮廓。将其中较大的圆角矩形设置为纯色填充中的蓝色，将较小的圆角矩形设置为渐变填充，并由蓝色渐变为浅蓝。

③ 利用"对齐"下拉菜单中的"顶端对齐"和"左右居中"命令，两个圆角矩形进行对齐，并将两个圆角矩形组合在一起。然后，利用"对齐"下拉菜单中的"底端对齐"和"左右居中"命令将该组合体与之前的大圆角矩形进行对齐，并将两者组合在一起。此时，它们共同组成了一个电池示意图。

④ 在幻灯片中再次添加两个圆角矩形，宽度均设为 4.3 厘米，高度分别设为 0.17 厘米和 0.43 厘米，形状轮廓均设置为无轮廓。将两者中较大的圆角矩形设置为纯色填充中的蓝色，将较小的设置为渐变填充，并由蓝色渐变为浅蓝。利用"对齐"下拉菜单中的"顶端对齐"和"左右居中"命令将两个圆角矩形进行对齐，然后将两个圆角矩形组合在一起。将该组合体放在之前做好的电池示意图中，并组合在一起。此时，它们共同组成了一个电池有一格电量的示意图。按照同样的方法，给蓝色电池再加一格电。

⑤ 按照前面介绍的方法，制作其他 3 个电池示意图，分别为浅蓝色电池、红色电池和紫色电池。

⑥ 利用"底端对齐""横向分布"命令将 4 个电池进行对齐。

4）为第八张幻灯片添加文本框。

① 在幻灯片中添加一个"竖排文本框"，在其中输入"重视电池回收利用"，文字字体设置为微软雅黑、36、加粗，并置于幻灯片左侧。

② 在幻灯片中添加 8 个"文本框"，其中 4 个分别输入"A""B""C""D"，文字设为 Arial、36、加粗、白色，并分别置于各电池示意图的底端。另外的四个文本框分别输入"生产""使用""阶梯利用""回收"，文字字体设置为微软雅黑、加粗，并分别置于各电池示意图的顶端。

第八张幻灯片效果如图 3-35 所示。

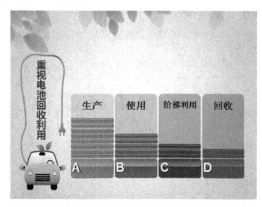

图 3-35 第八张幻灯片效果

步骤 10：制作第九张幻灯片。

1）创建第九张幻灯片。在第八张幻灯片后插入第九张幻灯片，版式为"空白"版式。

2）为第九张幻灯片添加图片。在幻灯片中插入图片素材"图片 9.jpg"，利用删除背景功能，将图片的白色背景删除，并调整图片位置和大小。

3）为第九张幻灯片添加形状。

① 在幻灯片中添加一个对角圆角矩形，选中该形状，通过拖动右上角的黄色顶点来改变圆角的弧度；将高度和宽度分别设置为 2.1 厘米、7.7 厘米，将形状轮廓设置为浅绿；将形状填充设置为"白色，背景 1"，将形状效果设置为发光中的"橄榄色，8pt，强调文字颜色 3"。

② 在幻灯片中添加一个直线形状，将高度设置为 0 厘米，宽度设置为 25.4 厘米。形状轮廓的颜色为"橄榄色，强调文字颜色 3"，粗细为 3 磅。将直线的形状效果设置为发光中的"橄榄色，8pt，强调文字颜色 3"。

③ 在幻灯片中添加 5 个椭圆形状，将高度和宽度均设置为 0.8 厘米，形状轮廓设置为浅绿，粗细为 3 磅，形状填充设置为"白色，背景 1"，形状效果设置为发光中的"橄榄色，8pt，强调文字颜色 3"。

④ 在幻灯片中添加 5 个等腰三角形形状，将它们的高度设置为 1.88 厘米，宽度设置为 2.6 厘米，形状轮廓设置为"橄榄色，强调文字颜色 3"，粗细为 3 磅，形状填充设置为浅绿，形状效果设置为发光中的"橄榄色，8pt，强调文字颜色 3"。

⑤ 在幻灯片中添加 5 个矩形形状，将它们的形状轮廓设置为"橄榄色，强调文字颜色 3"，粗细为 3 磅，形状填充设置为"白色，背景 1"，形状效果设置为发光中的"橄榄色，8pt，强调文字颜色 3"。

4）为第九张幻灯片添加文本框。

① 在幻灯片中添加一个文本框，在其中输入"存在的问题"，将文字设置为浅蓝、微软雅黑、32 号、加粗。将该文本框放在对角圆角矩形的位置上。

② 在幻灯片中添加 5 个竖排文本框，将文字设置为微软雅黑、28 号、浅蓝。分别在竖排文本框中输入"产能过剩""地方保护""安全问题""电池回收""充电基础设施"。将它们分别放在 5 个矩形的位置。

第九张幻灯片效果如图 3-36 所示。

图 3-36　第九张幻灯片效果

步骤 11：制作第十张幻灯片。

1）创建第十张幻灯片。在第九张幻灯片后新建第十张幻灯片，版式为"空白"版式。

2）为第十张幻灯片添加图片。

① 在幻灯片中插入图片素材"图片 10.jpg"，调整图片位置和大小。

② 再次插入图片素材"10-1.png""10-2.png""10-3.png""10-4.png"，调整图片位置和大小。

3）为第十张幻灯片添加形状。在幻灯片中添加 4 个圆角矩形，将高度和宽度分别设置为 0.3 厘米、5 厘米，形状填充设置为浅绿，并将它们分别放在"图片 10.png"的台阶下方。

4）为第十张幻灯片添加文本框。

① 在幻灯片中添加一个文本框，在其中输入"新能源车前景"，将文字设置为微软雅黑、40 号、加粗，将文字颜色设置为"橄榄色，强调文字颜色 3，深色 50%"。将该文本框置于幻灯片左上方。

② 在幻灯片中再次添加 4 个文本框，将文字设置为微软雅黑、24 号、加粗。分别在文本框中输入"大力宣传推广""加快基础设施建设""企业技术支持""补贴政策加码"。将它们分别放在 4 个圆角矩形下方。

第十张幻灯片效果如图 3-37 所示。

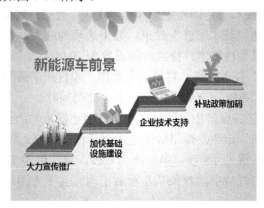

图 3-37　第十张幻灯片效果

步骤 12：为幻灯片添加动画效果。

1）为第一张幻灯片添加动画效果。选中图片"图片 1.png"，切换至"动画"选项卡，选择"进入"动画中的"飞入"效果，并将效果选项修改为自右侧，将持续时间调整为 01.00。

2）为第二张幻灯片添加动画效果。

① 同时选中左侧橙色矩形及与其连接的肘形连接符和文本框，为它们添加"擦除"效果。

② 同时选中中间的黄色矩形及与其连接的肘形连接符和文本框，为它们添加"擦除"效果，并将效果选项修改为自顶部。

③ 同时选中右侧绿色矩形及与其连接的肘形连接符和文本框，同样为它们添加"擦除"效果。

3）为第三、五、七张幻灯片添加动画效果。

① 同时选中第三张幻灯片中的橙色圆角矩形及其下方的汽车图片，为它们添加"擦除"

效果，并将效果选项改为自顶部，持续时间修改为 01.00。

② 相似地，为第五张和第七张幻灯片中的圆角矩形和汽车图片添加相同的动画效果。

4）为第四张幻灯片添加动画效果。

① 先为灰色大圆形添加"轮子"效果，再为银色圆形添加"轮子"效果，之后为 3 个小圆形添加"轮子"效果。为所有文本框添加"淡出"效果。

② 打开"动画窗格"任务窗格，选中所有动作，将"开始时间"调整为上一动画之后。将 3 个小圆形的动作调整为同时发生，即后两个动作的开始时间设置为与上一动画同时，同样地，将 3 个小文本框的动作调整为同时发生。

5）为第六张幻灯片添加动画效果。

① 为幻灯片中央的 4 个环形箭头添加"轮子"效果，持续时间调整为 02.00。

② 为四周的 4 个圆角矩形和文本框分别设置"擦除"效果，效果选项选择不同的擦除方向，以设计为 4 个圆角矩形顺时针出现的效果。

6）为第八张幻灯片添加动画效果。为左侧的图片和文本框添加"擦除""自左侧"的动画效果，依次为 4 个电池示意图添加同样的动画效果。调整"动画窗格"任务窗格中各动作的开始时间，最终形成各对象从左至右依序出现的效果。

7）为第九张幻灯片添加动画效果。

① 为幻灯片中的直线和对角圆角矩形添加"飞入"效果，效果选项设置为自左侧；为所有小圆形和组合体添加"基本缩放"效果，效果选项为放大；为右下角的图像添加"飞入"效果，效果选项设置为自左侧，持续时间设置为 10.00。

② 打开"动画窗格"任务窗格，将第一个动作，即直线动画的开始时间设置为上一动画之后；将其余动作的开始时间全部设置为与上一动画同时。

③ 在"动画窗格"任务窗格中，同时选中第一组小圆形与组合体，右击，在弹出的快捷菜单中选择"效果选项"命令，弹出效果选项对话框。将延迟设置为 3 秒。按照同样的方法，将第二组的延迟设置为 4.5 秒，第三组为 6 秒，第四组为 7.5 秒，第五组为 9 秒。

这样，最终达到使幻灯片中的对象从左至右出现，且下方图片和上方的形状一起运动的效果。

8）为第十张幻灯片添加动画效果。

① 选中阶梯图片，为其添加"擦除"效果，持续时间为 02.00，效果选项为自左侧。同时选中第一个图片、第一个绿色圆角矩形和第一个文本框，为它们添加"擦除"效果，效果选项为自底部；按照同样的方法，为后面的 3 组分别添加同样的动画。

② 在"动画窗格"任务窗格中，将第一个动作的开始时间设置为上一动画之后，其余均设置为与上一动画同时。将第一组图片、圆角矩形和文本框的延迟设置为 0 秒，第二组设置为 0.5 秒，第三组设置为 1.0 秒，第四组设置为 1.5 秒。这样，最终会形成阶梯逐级出现，阶梯上面的图片和阶梯下面的圆角矩形和文本框也同步出现的效果。

步骤 13：为幻灯片添加切换效果。

1）为第一张幻灯片设置切换效果。选中第一张幻灯片，单击"切换"｜"切换到此幻灯片"｜"其他"下拉按钮，在弹出的下拉菜单中选择恰当的切换效果，此处选择"华丽型"列表中的"涡流"效果，还可以通过调整"持续时间"来控制切换动作的快慢。

2）为其余幻灯片设置切换效果。按照同样的方法为第二张幻灯片设置"蜂巢"切换效果，并设置其开始和持续时间，第三张幻灯片设置为"切换"切换效果，第四张幻灯片为"立方体"切换效果，第五张幻灯片为"形状"切换效果，第六张幻灯片为"涟漪"切换效果，第七张幻灯片为"时钟"切换效果，第八张幻灯片为"平移"切换效果，第九张幻灯片为"轨道"切换效果，第十张幻灯片为"传送带"切换效果。

步骤 14：保存演示文稿。

选择"文件"｜"保存"命令，将制作完成的演示文稿以"新能源汽车.pptx"为文件名进行保存；另外，还可以使用"创建视频"功能将该演示文稿以视频格式保存。

第4章
Camtasia Studio 微课制作

实验项目 4.1 录制 PowerPoint 微课视频

相关知识点

1）安装 Camtasia Studio 软件后，自动在 PowerPoint 中安装了 Camtasia Studio 的插件，方便录制 PowerPoint 演示文稿。

2）录制视频时，暂停或恢复录制的快捷键是 F9，结束录制的快捷键是 F10。

3）录制 PowerPoint 的过程中会自动在各页幻灯片之间添加标记，方便后期查找处理。

4）库中包含部分动画视频、音乐，可以方便利用这些元素制作片头或片尾。

5）转场动画类似于 PowerPoint 中的切换动画，包含褪色、圈伸展、翻页等效果。可以在各个视频片段之间插入转场动画，让各部分视频衔接自然。

6）Camtasia Studio 提供的标记功能便于用户选取轨道上的片段媒体，快速分割媒体，可以制作视频的播放目录。

7）编辑后的视频可以分享为 MP4 格式。

实验目的

1）掌握 PowerPoint 加载项录制视频。

2）掌握标记轨道的操作及技巧。

3）掌握利用库元素制作片头的方法。

4）掌握视频的分享方法。

实验要求

1）使用 PowerPoint 加载项录制视频，并同步录制讲解音频。

2）利用标记删除视频中出错的视频片段，并让各视频片段衔接起来。

3）利用库中的元素制作片头动画，并添加合适的背景音乐。

4）为各视频片段添加合适的转场动画。

5）将编辑好的视频分享为 MP4 格式。

实验步骤

步骤 1：调整 PowerPoint 素材中的换页与动画效果。

PowerPoint 素材中往往有大量换页与动画效果，过多的换页效果会影响视频的录制。

通常 PowerPoint 制作时动画的持续时长与延迟的设定没有考虑录制视频的需求，因此在录制视频时，首先要调整 PowerPoint 素材的换页效果与动画效果。

1）打开"Visio 2016 教程.pptx"，删除 PowerPoint 中幻灯片的切换效果。单击"切换"｜"切换到此幻灯片"｜"无"按钮，如图 4-1 所示，单击"计时"｜"全部应用"按钮，删除所有换页效果。

图 4-1　幻灯片切换选项

2）调整 PowerPoint 中动画的播放开始选项。单击"动画"｜"高级动画"｜"动画窗格"按钮，弹出"动画窗格"任务窗格。将 PowerPoint 中过渡页以外的所有动画效果都改为单击鼠标开始。在"动画窗格"任务窗格中，选中动画，右击，弹出的快捷菜单如图 4-2 所示，选择"单击开始"命令。

3）关闭自动换页与自动播放动画。取消"切换"｜"计时"｜"设置自动换片时间"复选框的勾选。单击"全部应用"按钮。

步骤 2：录制视频。

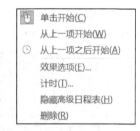

图 4-2　动画选项快捷菜单

1）调整录制视频的选项。启动 Camtasia Studio，单击"加载项"｜"自定义工具栏"｜"Camtasia 录制选项"按钮，弹出"Camtasia 加载项选项"对话框，设置录制参数，如图 4-3 所示。

2）单击"加载项"｜"自定义工具栏"｜"录制"按钮，或按快捷键 F9 开始录制。录制控制窗口如图 4-4 所示。

图 4-3　"Camtasia 加载项选项"对话框

图 4-4　录制控制窗口

录制过程中，PowerPoint 每切换一张新幻灯片都自动添加一个标记，如果录制某张幻灯片的过程中出现错误，可以切换到前一张幻灯片，再切换到该幻灯片重新录制，后期可以利用重复的标记快速删除错误的视频素材。

步骤 3：完成录制并开始编辑素材。

1）录制完成后按 F10 键或"结束录制"按钮，完成录制并开始编辑视频素材，将素材拖入轨道，如图 4-5 所示。

图 4-5 导入录制的视频素材

2）删除录制过程中出错的素材。如图 4-6 所示，重复的标记代表重新录制，删除两个重复标记之间的素材。

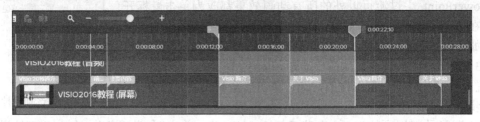

图 4-6 删除重复标记间的素材

使用快捷键 Ctrl+M，打开标记窗口。标记根据幻灯片标题自动设置。双击要删除的素材开始处的标记，将标尺定位到标记所在的位置，如图 4-7 所示。拖动红色滑块到要删除的素材结束处的标记，如图 4-8 所示。选中要删除的素材，使用"剪切"命令删除所选素材。删除所选素材后的效果如图 4-9 所示。

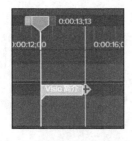 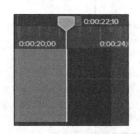 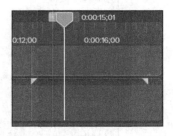

图 4-7 定位要删除素材的起点　　图 4-8 定位要删除素材的终点　　图 4-9 删除选中素材后的效果

3）拼接录制的素材。对于录制的过程中出现的中断，可以补录素材，并将补录素材拖动到时间轴上，使两段素材连接到一起，如图 4-10 所示。

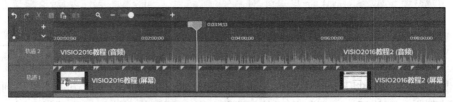

图 4-10 素材的拼接

4）删除多余的标记。PowerPoint 每次换页都会添加一个标记，因此大多数自动添加的标记都是无用的，通常只留下过渡页的标记，并将标记改为每节标题。双击时间轴上的标记，将标尺定位到所选标记，通过预览窗口判断该标记是否应删除，如图 4-11 所示。选中要删除的标记，右击，使用快捷菜单中的"删除"命令，或按 Delete 键删除所选标记。完成后通过快捷菜单中的"重命名"命令，更改过渡页的标记为该节 PowerPoint 标题。

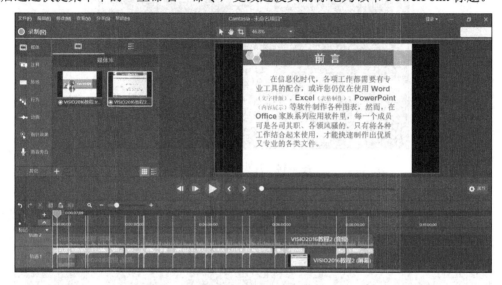

图 4-11　标记编辑界面

5）添加遗漏的标记。录制视频时难免会遗漏一些标记，通过标尺和预览窗口找到要添加标记的位置，在标记轨道上单击"+"按钮，或使用快捷键 Shift+M 添加标记，如图 4-12 所示。

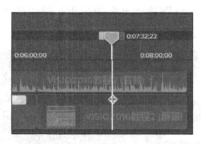

图 4-12　添加标记

所有标记编辑完成后效果如图 4-13 所示。

图 4-13　所示标记编辑完成后效果

6）制作片头。利用 Camtasia Studio 自带媒体库快速制作片头，选中自带库文件中"动态图形-介绍剪辑"组的"褪色正方形"选项，拖动到时间轴的起始位置。通过拖动时间轴上的持续时间将库文件持续时间调整为 20 秒，在画布上单击文字部分，进入文本编辑界面，修改标题为"Visio 2016 培训"，副标题为自己的姓名（这里以×××代替），如图 4-14 所示。文字的大小与字体在右边的属性面板中进行调整。

图 4-14　片头编辑界面

7）添加背景音乐。

① 选中自带库文件中"音乐曲目"组的"萤火虫"曲目，将其拖动到时间轴的起始位置，通过拖动时间轴上的音频轨道将持续时间调整为 20 秒，如图 4-15 所示。

图 4-15　添加背景音乐

② 添加淡入和淡出效果。分别选中"音效效果"组中的"淡入"效果与"淡出"效果，将其拖动到轨道 2 的背景音乐素材，如图 4-16 所示。

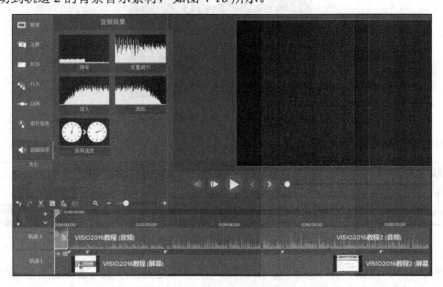

图 4-16　添加淡入与淡出效果

8）添加转场效果。选中"转场"面板中的"立方体旋转"效果，将其拖动到片头与 PowerPoint 录屏素材的拼接处，添加转场效果，如图 4-17 所示。

图 4-17　添加转场效果

9）编辑完成保存。

① 导出为 ZIP 文件，后续实验中继续编辑。选择"文件"｜"导出项目为 Zip"命令，弹出"导出 ZIP 格式项目"对话框，导出项目，如图 4-18 所示。

图 4-18　"导出 ZIP 格式项目"对话框

② 生成 MP4 视频文件。选择"分享"｜"本地文件"命令，使用生成向导生成 MP4 视频。"生成向导"对话框的第一个界面如图 4-19 所示，保留默认设置。单击"下一步"按钮，打开"生成向导"对话框的第二个界面。

③ 指定视频文件格式为推荐的格式，勾选"目录""搜索""字幕"复选框，字幕类型设置为烧录字幕，如图 4-20 所示。单击"下一步"按钮，打开"生成向导"对话框的第三个界面。

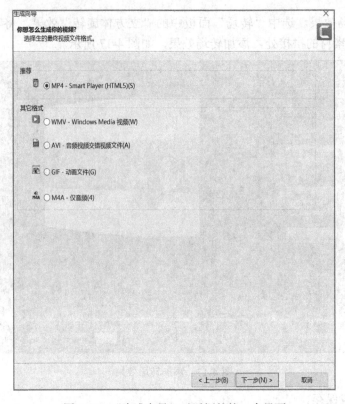

图 4-19 "生成向导"对话框的第一个界面

图 4-20 生成选项设置

④ 指定生成目录选项，如图 4-21 所示。单击"完成"按钮，生成视频。

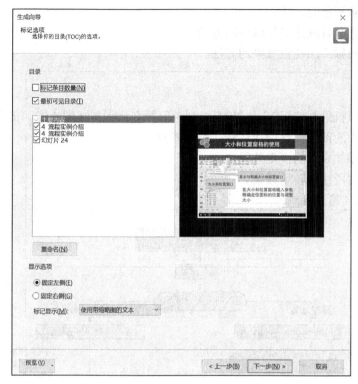

图 4-21　目录选项设置

实验项目 4.2　录屏微课制作

相关知识点

1）录制屏幕时，录制区域有 3 个选项：全屏模式、自定义区域和固定到程序。录制输入主要用于设置计算机上的摄像头及录音设备是否开启工作，以及摄像头和录音设备的录制方式。

2）录制时，在默认情况下，按 F9 键使录制暂停，再次按 F9 键即可恢复录制；按 F10 键停止录制。

3）注释是指在媒体中添加的具有注释、指向、特效或强调重点内容的文字、图形或特效，其作用是吸引观看者注意，或对某些内容做进一步解释。

4）轨道上的视频，一般包括画面和音频两部分。为方便分别对音频和视频进行编辑，Camtasia Studio 提供了分离音频和视频的功能，分离后音频和画面分别处于不同轨道。

5）Camtasia Studio 软件提供了各种视觉效果，包括阴影、边框、着色、颜色调整、删除颜色、设备框架、剪辑速度和交互功能 8 种。

实验目的

1）掌握录制屏幕的技巧。

2）掌握为视频添加注释的方法。

3）掌握分割视频的方法。

4）掌握视频和音频分离与组合的方法。

5）掌握为视频添加视觉效果的方法。

实验要求

1）通过录像机录制使用 Visio 2016 绘制考研报名流程图（图 4-22）的全过程。

2）为视频中的部分内容添加注释，突出要点。

3）为视频添加合适的视觉效果。

4）为视频片段添加转场效果。

5）生成 MP4 格式视频。

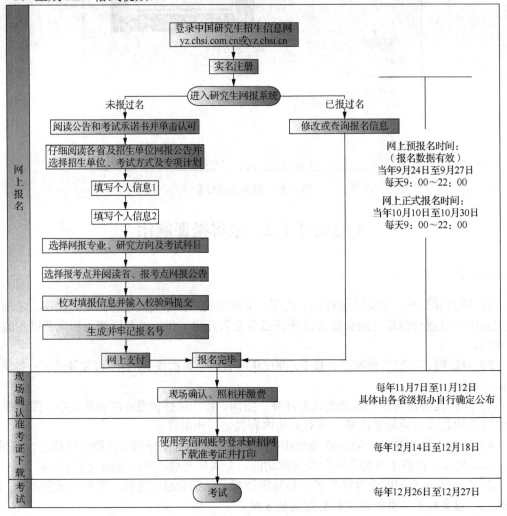

图 4-22 考研报名流程图

实验步骤

步骤 1：设置录制参数。

启动 Camtasia Studio，单击"录制"按钮，或使用快捷键 Ctrl+R，打开录像机窗口，设置选择区域为全屏模式，打开音频开关，如图 4-23 所示。调整整体音频输入音量，使用自己的正常音量对准麦克风试音，将整体输入音量设置为自己平均音量的 2 倍。

图 4-23　录制选项设置

步骤 2：录制视频。

为了录制效果，在录制过程中最小化录像机窗口，使用快捷键 F9 开始录制。如果需要暂停使用快捷键 F9，倒计时后开始录制。在录制过程中，使用 Ctrl+Shift+D 组合键，打开屏幕绘图功能，利用 R 键可调整画笔颜色为红色，利用 F 键可调整绘制图形为矩形。使用屏幕绘图功能，为录制过程中需要强调的菜单及选项加上标记，如图 4-24 所示。

图 4-24　添加标记效果

步骤 3：添加注释。

1）在时间轴上预览录屏素材，在需要加注释的位置添加注释。方法为，选择"注释"选项卡，打开"注释"面板，选中所需注释样式，拖动到需要添加注释的时间轴，如图 4-25 所示。

图 4-25　添加注释

图 4-26　调整注释时长

2）在时间轴上拖动注释的进度条，调整为合适的时长，如图 4-26 所示。

3）在时间轴上预览录屏素材，在需要强调的局部位置添加高亮效果。方法为，选择"注释"选项卡，打开"注释"面板，切换至"模糊&高亮"选项卡，选中"高亮"选项，拖动到需要添加高亮效果的素材区域，如图 4-27 所示。在时间轴上拖动进度条调整为合适的时长。

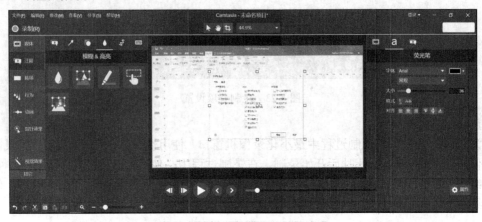

图 4-27　添加高亮效果

4）在时间轴上预览录屏素材，某些操作只局限于局部位置，此时需要为其添加聚焦效果。方法为，选择"注释"选项卡，打开"注释"面板，切换至"模糊&高亮"选项卡，选择"聚光灯"选项，拖动到需要添加聚焦效果的素材区域，如图 4-28 所示。在时间轴上拖动进度条，调整为合适的时长。

图 4-28　添加聚焦效果

遍历录制好的素材，依照上述方法添加合适的注释。

步骤 4：添加视觉效果。

录制好的素材中有大量类似的操作，需要先使这一部分静音，并为其添加背景音乐，然后使用高倍速放映。具体步骤如下：

1）在素材中定位需快进的片段。方法为，在时间轴上找到需快进片段的起点和终点，并添加标记，如图 4-29 所示。

2）分别在起点和终点右击，在弹出的快捷菜单中选择"分割所有"命令，分割素材，如图 4-30 所示。

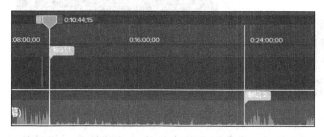

图 4-29　定位要快进的片段

图 4-30　分割素材

3）选中分割出的素材，右击，在弹出的快捷菜单中选择"分离音频和视频"命令，将分割出的素材的音频与视频分离，如图 4-31 所示。

4）在分离的音频轨道上调整音量大小，将这一段视频静音，或直接删除音频，如图 4-32 所示。

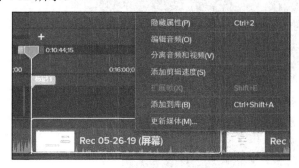

图 4-31　分离音频与视频

图 4-32　静音视频片段

5）选中分离的视频与音频，右击，在弹出的快捷菜单中选择"组"命令，将这段音频和视频组合成组，如图 4-33 所示。

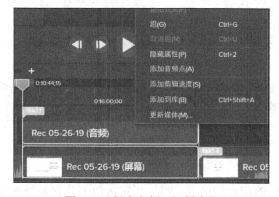

图 4-33　组合音频、视频片段

6）添加快进效果。选择"视觉效果"选项卡，打开"视觉效果"面板，选中"剪辑速度"选项，拖动到分割出这一素材片段视频轨道，如图 4-34 所示。

7）调整剪辑速度特效的属性，将速度调整为 15 倍速，如图 4-35 所示。

图 4-34　添加剪辑速度特效　　　　　图 4-35　调整剪辑速度

调整完剪辑速度后的时间轴如图 4-36 所示，黑色部分是由于应该放映的素材提前放映完，当前轨道上没有素材放映导致的。因此，需要剪辑黑色部分。将标尺中的绿色滑块定位到黑色进度条的起点，红色滑块定位到黑色进度条的终点，使用"剪切"命令剪辑该部分，如图 4-37 所示。剪辑完成后的时间轴如图 4-38 所示。

图 4-36　调整完剪辑速度后的时间轴

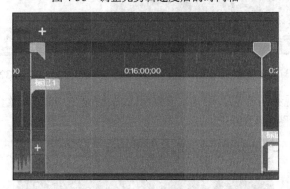

图 4-37　剪辑素材

图 4-38　剪辑完成后的时间轴

8）分别在快进部分的起点和终点，即与正常播放部分交界处添加转场效果，如图 4-39 所示。添加步骤类似实验项目 4.1 中的添加转场效果，这里不再赘述。

图 4-39　添加转场效果

9）使用"添加轨道"命令，添加一个新轨道（轨道 3），如图 4-40 所示。

10）在轨道 3 上添加背景音乐。选择"媒体"选项卡，打开"媒体箱"面板，选择"库"选项卡，打开"库"面板，展开"音乐曲目"组，选择"早晨咖啡馆"选项，拖动到轨道 3。将音量调整为 15%，使时间轴与快进片段重合，如图 4-41 所示。

图 4-40　添加轨道

图 4-41　添加背景音乐

11）为背景音乐添加淡入和淡出效果，如图 4-42 所示。操作步骤参见实验项目 4.1 中添加淡入和淡出效果。

12）选中快进时间轴中所有轨道上的素材，右击，在弹出的快捷菜单中选择"组"命令，将其合并为一个组，如图 4-43 所示。

图 4-42　添加淡入和淡出效果

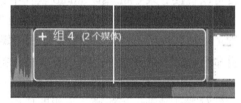

图 4-43　合并快进片段与背景音乐

13）将素材中后续需要快进的素材采用类似方法处理。视频完成后效果如图 4-44 所示。

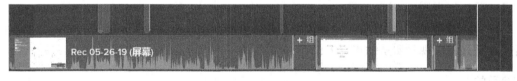

图 4-44　视频完成后效果

步骤 5：生成 MP4 视频文件。

选择"分享"｜"本地文件"命令，使用生成向导生成 MP4 文件，如图 4-45 所示。

图 4-45　生成 MP4 文件

实验项目 4.3　微课的剪辑

相关知识点

1）Camtasia Studio 软件可以处理视频、音频、图片等形式的媒体元素。前期保存的项目可以直接导入 Camtasia Studio 软件中进行编辑。

2）时间轴包含若干轨道，用户根据需要随时增、减轨道的数量。时间轴上的每条轨道均可以加载视频、音频、图像、动画等媒体。轨道的操作主要包括插入轨道、删除空轨道、重命名轨道、选择轨道上的所有媒体、打开或关闭轨道、锁定或解锁轨道、缩放轨道等。

3）画中画是指视频主画面中套用小画面，小画面可以是视频、动画、图片等。画中画起到对主视频进一步解释、说明的作用。

4）字幕指显示在视频上的文本，主要是在播放媒体资源时为观众提供视觉的帮助或解释性的信息。Camtasia Studio 软件中提供了手动添加字幕、同步字幕、导入字幕和语音转字幕 4 种添加字幕的方式。

5）音频的处理主要包括录制音频、音频音量的调整、音频效果及噪声去除等，恰当的音频处理是保障视频质量的重要方面。

实验目的

1）掌握添加字幕的方法。

2）掌握画中画效果的制作方法。

3）掌握音频剪辑的技巧。

4）掌握片尾的制作方法。

5）掌握在轨道上操作各媒体元素的方法。

实验要求

1）将前期实验保存的项目导入 Camtasia Studio 软件中进行编辑。
2）将相关视频添加到轨道进行编辑，并添加合适的转场效果。
3）消除视频中的噪声。
4）录制视频，添加画中画效果。
5）为视频添加字幕，并设置字幕格式。
6）利用库元素制作片尾。
7）生成 MP4 格式视频，并烧录字幕。

实验步骤

步骤 1：导入素材。

1）启动 Camtasia Studio，新建一个项目。选择"文件"|"导入 ZIP 项目"命令，导入实验项目 4.1 的 ZIP 包，如图 4-46 所示。

2）删除导入素材中最后一页幻灯片的录屏。方法为，在时间轴分别定位绿色滑块和红色滑块于要删除素材的起点和终点，使用"剪切"命令，或使用快捷键 Ctrl+X 删除素材，如图 4-47 所示。

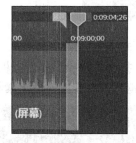

图 4-46　导入 ZIP 项目　　　　　　　　图 4-47　删除最后一页幻灯片的录屏

3）导入实验项目 4.2 剪辑完成的视频，选择"文件"|"导入"|"导入媒体"命令，弹出"打开"对话框。选择实验项目 4.2 生成的视频文件，如图 4-48 所示。

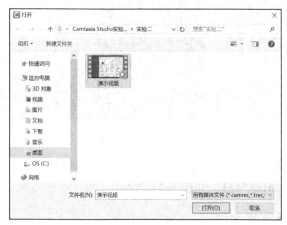

图 4-48　导入视频文件

4）导入后媒体库中出现"演示视频"文件，将其拖动到轨道 1，与导入的实验项目 4.1 的文件拼接，如图 4-49 所示。

图 4-49　导入演示视频并拼接

5）在两段素材的交界处添加转场效果，如图 4-50 所示。

步骤 2： 消除噪声。

1）选择"音频效果"选项卡，打开"音频效果"面板，选择"降噪"选项，拖动到实验项目 4.1 素材的音频轨道 2，如图 4-51 所示。

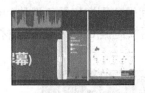

图 4-50　添加转场效果

图 4-51　消除噪声

2）打开"降噪"属性面板，单击"分析"按钮，消除噪声，如图 4-52 所示。采用以上步骤消除其余音频轨道上素材的噪声。

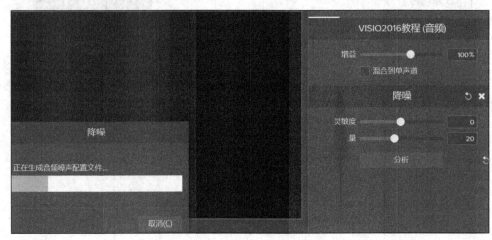

图 4-52　分析降噪

3）实验项目 4.2 生成的视频素材文件不需要分离音频与视频，可以直接将"降噪"选项拖动到素材轨道上，消除噪声，如图 4-53 所示。

图 4-53　消除视频素材噪声

步骤 3：添加画中画效果。

1）补录画中画视频素材，录制时关闭音频输入。本实验以 Visio 2016 大小与控制窗口为例补录素材。录制结束后，媒体库中出现补录的素材，如图 4-54 所示。

图 4-54　补录画中画素材

2）将媒体库补录的素材拖动到轨道 3 中，起点为 PowerPoint 素材中讲解大小与控制窗口的时间点，如图 4-55 所示。

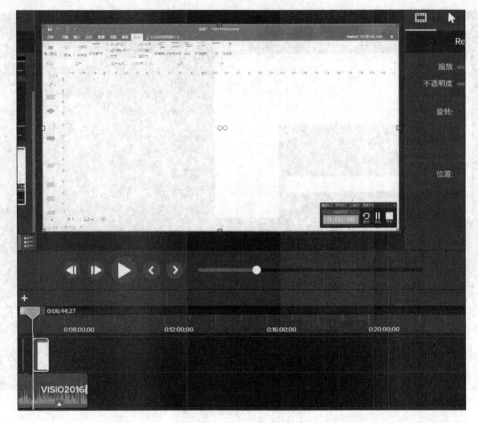

图 4-55　添加画中画素材

3）拖动新添加素材的控制点，调整窗口大小，并放置到合适位置，如图 4-56 所示。完成画中画效果的添加。

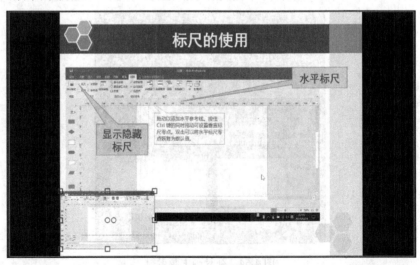

图 4-56　调整位置效果

步骤 4：添加字幕。

1）Camtasia Studio 的语音识别错误率很高，因此可以使用讯飞语音与百度语音识别软件。这两款软件的正确率非常高，由于篇幅原因，这里不做介绍。本实验使用手动字幕，即手动给每一段视频添加字幕，内容为每段素材标记的标题。选择"字幕"选项卡，打开"字幕"面板，单击"添加字幕"按钮，在文本框中输入字幕内容，调整字体为微软雅黑，如图 4-57 所示。

图 4-57　调整字幕字体

2）将字幕时间轴的起点与终点分别设置为之前添加的标记。重复以上步骤，完成所有字幕的添加，如图 4-58 所示。

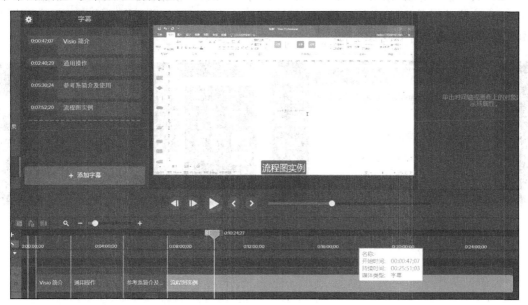

图 4-58　添加字幕

3）使用快捷键 Ctrl+A 选中轨道上的所有对象，将它们组合成组，如图 4-59 所示。

图 4-59　组合所有素材

步骤 5：制作片尾。

参考实验项目 4.1 中制作片头的步骤制作片尾，并为片尾添加背景音乐、转场效果，如图 4-60 所示。完成微课的制作。

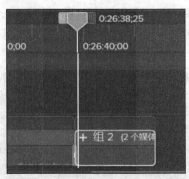

图 4-60　制作片尾

步骤 6：生成微课视频。

1）选中所有轨道上的所有对象，并将它们组合成一个整体。选择"分享"|"本地文件"命令，弹出"生成向导"对话框，选择"自定义生成设置"选项，单击"下一步"按钮，打开该对话框的第二个界面。

2）调整字幕类型为烧录字幕，单击"下一步"按钮，根据提示生成 MP4 视频。

3）放映时，采用 MP4 放映模式（图 4-61）是看不到目录的。若要看到目录，应使用浏览器放映模式（图 4-62）。

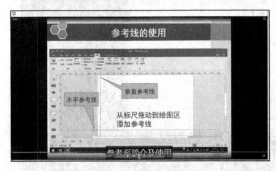

图 4-61　MP4 放映模式

图 4-62　浏览器放映模式

第5章

Access 2016 基础实验

实验项目　学生成绩管理

相关知识点

1）数据库管理系统中表设计的过程是通过需求分析、概念结构设计、逻辑结构设计确定关系，规划表结构。

2）用表设计视图完成表的创建，包括新表字段名称、数据类型、主键的设置，以及表间关联的设置。

3）通过数据视图直接为表输入数据，通过 Excel 文件导入数据。

4）在查询中，表、查询均可以作为数据源，采用查询计算功能对字段进行计数。

5）通过窗体设计视图完成新窗体创建，窗体背景可以设置为自选图片，窗体导航按钮可以用来定位、添加、修改、查找记录。

6）报表向导可以用于创建报表，利用报表设计视图可以修改完善报表。报表包括报表页眉、报表页脚、页面页眉、页面页脚、组页眉、组页脚及主体。

7）利用宏可以实现特定的一系列操作，名为 Autoexec 的独立宏可以在数据库打开的同时自动运行，嵌入宏是所嵌入对象的组成部分，其嵌入在窗体对象的事件中。

实验目的

1）了解数据库的设计过程，以及表结构设计的方法。

2）掌握创建 Access 表的方法。

3）掌握表数据输入、外部文件数据导入的方法。

4）掌握多表查询的创建方法，以及如何通过查询生成表的方法。

5）掌握窗体的创建方法与作用。

6）掌握报表的创建方法，了解利用报表汇总数据的方法。

7）掌握宏的操作。

实验要求

完成"学生成绩管理"设计与数据库实施任务，具体要求如下：

1）通过对"学生成绩管理"的需求分析，按数据库系统设计的步骤，确定"学生成绩管理"数据库内的关系，根据 Access 2016 的具体要求创建 5 张表，即"学生"表、"课程"表、"教师"表、"班级"表、"成绩"表，并对表结构进行设计，包括字段名、数据类型、字段大小、必填字段等。

2）从空数据库开始，创建"学生成绩管理"数据库，完成"学生"表、"课程"表、"教师"表、"班级"表、"成绩"表结构的具体设置，对"字段名称""数据类型""主键"进行设置，在"成绩"表的结构设计中还涉及双主键设置，实现三表关联，以及参照完整性和级联更新相关字段。

3）参考给出的测试数据，通过数据视图直接输入，或通过 Excel 文件导入相关表数据，完成数据的输入。

4）查询学生的课程成绩，显示的内容包括学号、姓名、课程编号、课程名称和成绩，这些字段分别来自"学生"表、"课程"表和"成绩"表。

5）创建一参数查询，要求用户在系统的提示框中输入职称条件，运行时只返回符合该职称的教师信息，包括教师编号、姓名、学历和系别。

6）利用 INSERT 语句向"学生成绩管理"数据库"学生"表中添加一名学生记录。

7）查看方便、显示清晰是 Access 窗体的特性，创建一个名为"学生班级信息窗体"的窗体，能显示"学号""姓名""班级名称"等信息。

8）创建报表，按班级和课程统计并打印学生成绩。

9）在打开"学生成绩管理"数据库时，显示"测试学生成绩管理管理系统"，然后依次打开"学生班级信息窗体""学生成绩统计报表"，显示"学生成绩统计报表"时筛选出80 分以上的成绩。这一要求可利用自动宏完成。

10）创建一个需要验证用户名和密码的"含嵌入宏的权限操作窗体"窗体，当用户输入正确的用户名和密码后，单击"操作"按钮可打开"学生班级信息窗体"，单击"退出"按钮，退出"含嵌入宏的权限操作"窗体。

实验步骤

步骤 1：设计"学生成绩管理"数据库。

1）设计数据库系统。在需求分析阶段应充分了解用户各个方面的需求，通过系统功能分析、收集基本数据、确定数据结构及数据处理流程，将信息组织成数据字典，为后面的具体设计奠定基础。概念结构是将需求分析抽象为信息结构，即概念模型的过程，这样才能更好、更准确地用数据库管理系统实现这些需求，其是整个数据库设计的关键。可以利用 E-R 图进行概念结构设计。逻辑结构设计的任务就是将概念结构设计阶段设计好的基本 E-R 图转换为与选用数据库管理系统所支持的数据模型相符合的逻辑结构，关系如下（带下划线的字段为主键）：

学生(学号,姓名,性别,出生日期,政治面貌,班级编号)

班级(班级编号,班级名称,入学时间,专业,培养层次,人数,辅导员)

教师(教师编号,姓名,性别,参加工作时间,政治面貌,学历,职称,系别,联系电话,婚否)

课程(课程编号,课程名称,课程类别,学分)

成绩(学号,课程编号,分数)

2）根据 Access 2016 的具体要求，确定创建 5 张表，即"学生"表、"班级"表、"教师"表、"课程"表、"成绩"表，各表的结构如表 5-1～表 5-5 所示。

表 5-1 "学生"表结构

字段名称	数据类型	字段大小（格式）
学号	短文本	8
姓名	短文本	8
性别	短文本	2
出生日期	日期/时间	常规日期
政治面貌	短文本	20
班级编号	短文本	20

表 5-2 "班级"表结构

字段名称	数据类型	字段大小（格式）
班级编号	短文本	6
班级名称	短文本	20
入学时间	日期/时间	常规日期
专业	短文本	20
培养层次	短文本	10
人数	数字	整型
辅导员	短文本	8

表 5-3 "教师"表结构

字段名称	数据类型	字段大小（格式）
教师编号	短文本	4
姓名	短文本	8
性别	短文本	2
参加工作时间	日期/时间	常规日期
政治面貌	短文本	20
学历	短文本	20
职称	短文本	20
系别	短文本	20
联系电话	短文本	20
婚否	是/否	

表 5-4 "课程"表结构

字段名称	数据类型	字段大小（格式）
课程编号	短文本	5
课程名称	短文本	20
课程类别	短文本	10
学分	数字	单精度型

表 5-5 "成绩"表结构

字段名称	数据类型	字段大小
学号	短文本	8
课程编号	短文本	5
分数	数字	整型

步骤 2：创建"学生成绩管理"数据库，创建规划好的表，关联各表。

1）启动 Access 2016，在 Access 启动界面中选择"空白桌面数据库"选项，弹出"空白桌面数据库"对话框，修改文件名为"学生成绩管理.accdb"。

2）单击"浏览"按钮，弹出"文件新建数据库"对话框，选择数据库的保存位置为 D 盘，单击"确定"按钮，返回"空白桌面数据库"对话框，如图 5-1 所示。如果用户未提供文件扩展名，Access 将自动添加。单击"创建"按钮，创建空白数据库，并自动创建一个名称为"表 1"的数据表。

3）右击"表 1"，在弹出的快捷菜单中选择"设计视图"命令，此时会弹出"另存为"对话框，设置表名称为"学生"，并保存，进入设计视图。在"字段名称"列中输入字段的名称"学号"，在"数据类型"下拉列表框中选择该字段为短文本类型，字段大小设置为 8，"必需"设置为"是"，根据表 5-1 依次完成姓名、性别、出生日期、政治面貌、班级编号的设置，如图 5-2 所示。

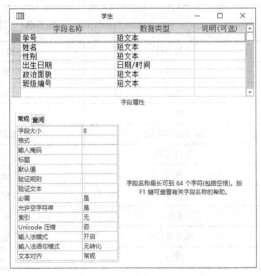

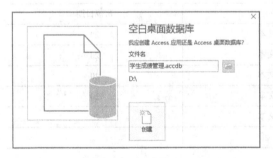

图 5-1 数据库名创建与路径选择　　　　　图 5-2 "学生"表结构

4）选择"学号"字段，单击"表格工具-设计"｜"工具"｜"主键"按钮，在设计视图中显示主键标志，如图 5-3 所示。

5）单击"保存"按钮，展开导航窗格中的表对象可见"学生"表。

6）重复本步骤的 1）～5）完成"班级"表、"教师"表、"课程"表、"成绩"表的创建。在"成绩"表的结构设计中涉及双主键设置，方法为按住 Ctrl 键，选中两个字段，单击"主键"按钮，如图 5-4 所示。

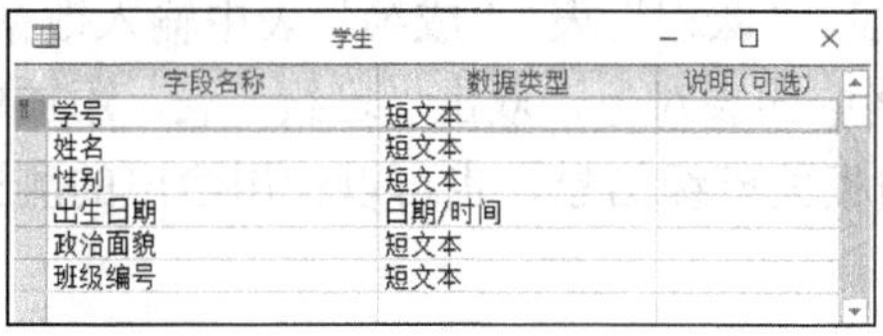

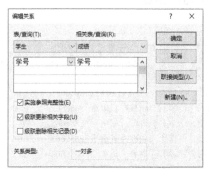

图 5-3　设置主键

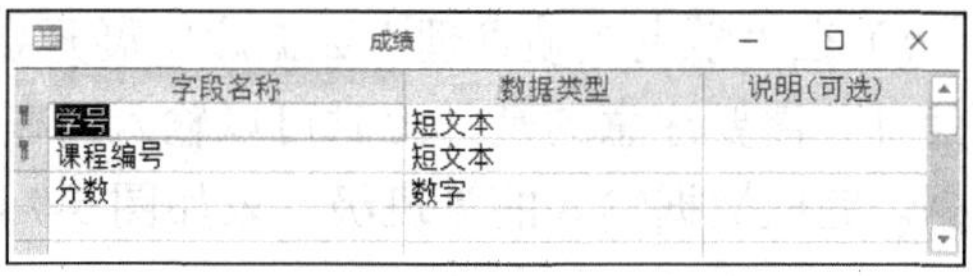

图 5-4　设置双主键

7）单击"数据库工具"｜"关系"｜"关系"按钮，打开"关系"窗口。单击"关系工具-设计"｜"关系"｜"显示表"按钮，弹出"显示表"对话框，按住 Ctrl 键，选中所有表添加到"关系"窗口中。

8）在"学生"表中，选中"学号"字段，按住鼠标左键，将其拖动到"成绩"表的"学号"字段上，松开鼠标左键，这时弹出"编辑关系"对话框，勾选"实施参照完整性"和"级联更新相关字段"复选框，单击"新建"按钮。用同样的方法建立"成绩"表与"课程"表的关系。建立参照完整性后的"编辑关系"对话框如图 5-5 所示。同理，建立"学生"表与"班级"表、"班级"表与"教师"表的关系。

图 5-5　建立参照完整性后的"编辑关系"对话框

"学生成绩管理"数据库的表关系如图 5-6 所示。其实在实际应用中往往还有"授课"表等。"授课"表又包含课程编号、班级编号、教师编号、学年、学期、周学时、授课地点、授课时间等，关联相对复杂。本实验中没有列入"授课"表等。

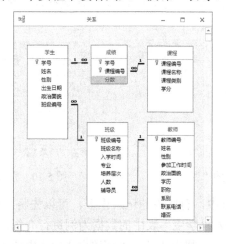

图 5-6　"学生成绩管理"数据库的表关系

步骤 3：在"学生"表、"班级"表、"教师"表、"课程"表、"成绩"表中输入数据。

1）在"学生成绩管理"数据库中展开导航窗格中的表对象，双击"班级"表，添加班级信息。需要注意的是，此时可以输入所在学院的相关班级信息，也可以使用给出的测试数据。完成数据输入的"班级"表如图 5-7 所示。

班级编号	班级名称	入学时间	专业	培养层次	人数	辅导员
电信1701	2017级电子信息工程1班	2017/9/1	电子信息工程	本科	42	T006
工商1801	2018级工商管理1班	2018/9/1	工商管理	本科	40	T007
广电1801	2018级广播电视新闻学1班	2018/9/1	广播电视新闻学	本科	55	T007
会计1701	2017级会计学1班	2017/9/1	会计学	本科	40	T007
计科1801	2018级计算机科学与技术1班	2018/9/1	计算机科学与技术	本科	40	T006
经贸1701	2017级国际经济与贸易1班	2017/9/1	国际经济与贸易	本科	30	T007
文学1701	2017级汉语言文学1班	2017/9/1	汉语言文学	本科	45	T007
应心1801	2018级应用心理学1班	2018/9/1	应用心理学	本科	35	T007

记录: ◄ ◄ 第 6 项(共 8 项) ► ►► ►* 无筛选器 搜索

图 5-7 完成数据输入的"班级"表

完成数据输入的"教师"表如图 5-8 所示。

教师编号	姓名	性别	参加工作时间	政治面貌	学历	职称	系别	联系电话	婚否
T001	杜涛	男	1990/7/1	中共党员	硕士	教授	管理系	8886661	☑
T002	彭朋彬	男	2001/8/3	中共党员	硕士	讲师	管理系	8886661	☑
T003	李光辉	男	1991/9/3	中共党员	本科	副教授	机电系	8886662	☑
T004	王晓俊	男	1999/11/2	中共党员	本科	讲师	机电系	8886662	☑
T005	李丽	女	1995/9/1	中共党员	博士	副教授	外语系	8886663	☑
T006	张燕	女	2015/3/1	群众	本科	助教	机电系	8886662	☐
T007	黄海	男	2015/7/1	群众	硕士	助教	管理系	8886663	☐
T008	许晴晴	女	2016/7/1	党员	硕士	助教	中文系	8886665	☐

记录: ◄ ◄ 第 9 项(共 9 项) ► ►► ►* 无筛选器 搜索

图 5-8 完成数据输入的"教师"表

完成数据输入的"课程"表如图 5-9 所示。完成数据输入的"成绩"表如图 5-10 所示。

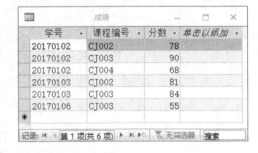

课程编号	课程名称	课程类	学分	单击以添加
CJ001	微积分	基础课	4	
CJ002	计算机基础	基础课	4	
CJ003	大学英语	基础课	4	
CJ004	政治经济学	基础课	4	
CJ005	马克思主义哲	基础课	2	
CZ002	法律基础	专业课	2	
CZ003	财经应用文写	专业课	2	

记录: ◄ ◄ 第 1 项(共 7 项) ► ►► ►* 无筛选器 搜索

学号	课程编号	分数	单击以添加
20170102	CJ002	78	
20170102	CJ003	90	
20170102	CJ004	68	
20170103	CJ002	81	
20170103	CJ003	84	
20170106	CJ003	55	

记录: ◄ ◄ 第 1 项(共 6 项) ► ►► ►* 无筛选器 搜索

图 5-9 完成数据输入的"课程"表　　　　图 5-10 完成数据输入的"成绩"表

2）在数据库实际布置中，有些表的记录很多，可以先将其做成 Excel 文件，再导入 Access 数据库。这里以导入"学生"表中的数据为例进行介绍。单击"外部数据"｜"导入并链接"｜"Excel"按钮，弹出"获取外部数据-Excel 电子表格"对话框，选中要导入的 Excel 表，如图 5-11 所示。

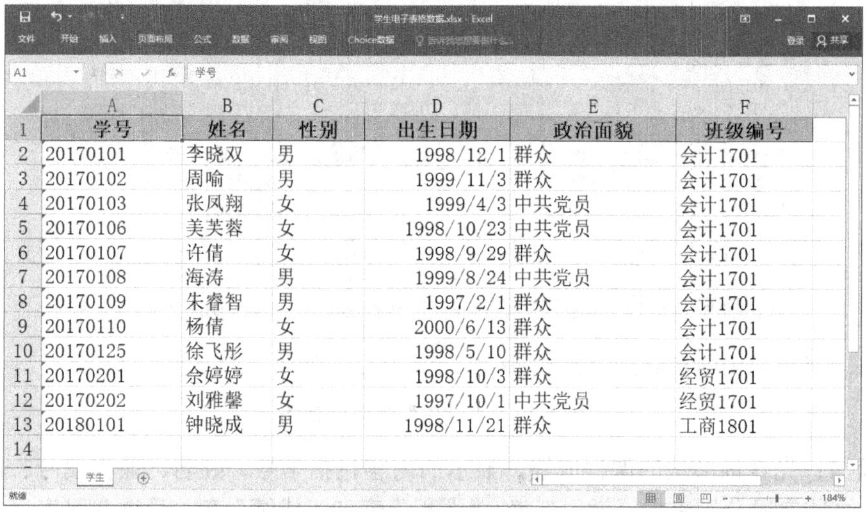

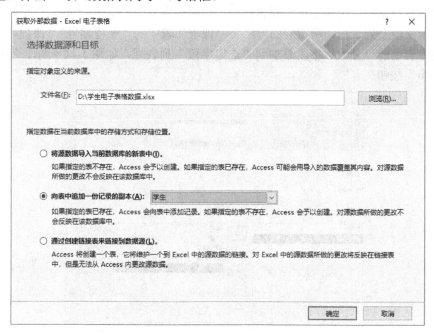

图 5-11 需要导入的 Excel 表

在"指定数据在当前数据库中的存储方式和存储位置"组中点选"向表中追加一份记录的副本"单选按钮，在其后下拉列表框中选择"学生"选项，如图 5-12 所示，单击"确定"按钮，弹出"导入数据表向导"对话框。

图 5-12 获取外部数据-Excel 电子表格

单击"下一步"按钮，保持默认设置，完成数据导入。在导航窗格中选中"学生"表，以数据表视图方式打开，如图 5-13 所示。至此，建表、输入数据的工作完成。

学号	姓名	性别	出生日期	政治面貌	班级编号	单击以添
⊞ 20170101	李晓双	男	1998/12/1	群众	会计1701	
⊞ 20170102	周喻	男	1999/11/3	群众	会计1701	
⊞ 20170103	张凤翔	女	1999/4/3	中共党员	会计1701	
⊞ 20170106	美芙蓉	女	1998/10/23	中共党员	会计1701	
⊞ 20170107	许倩	女	1998/9/29	群众	会计1701	
⊞ 20170108	海涛	男	1999/8/24	中共党员	会计1701	
⊞ 20170109	朱睿智	男	1997/2/1	群众	会计1701	
⊞ 20170110	杨倩	女	2000/6/13	群众	会计1701	
⊞ 20170125	徐飞彤	男	1998/5/10	群众	会计1701	
⊞ 20170201	余婷婷	女	1998/10/3	群众	经贸1701	
⊞ 20170202	刘雅馨	女	1997/10/1	中共党员	经贸1701	
⊞ 20180101	钟晓成	男	1998/11/21	群众	工商1801	

记录: ⊩ ◀ 第 12 项(共 12 ↓ ▶ ▶ ↳ 无筛选器　搜索

图 5-13　"学生"表数据视图

步骤 4：先查询学生的课程成绩，显示的内容包括学号、姓名、课程编号、课程名称和成绩，这些字段分别来自"学生"表、"课程"表和"成绩"表，且这 3 张表已经建立好关系。在设计视图中修改查询，查询 80 分以上的学生及所学课程。

1）打开"学生成绩管理"数据库，单击"创建"｜"查询"｜"查询向导"按钮，弹出"新建查询"对话框。选择"简单查询向导"选项，单击"确定"按钮，弹出"简单查询向导"对话框。选择"表/查询"下拉列表框中的"表：学生"选项，这时"学生"表中的全部字段均显示在"可用字段"列表框中。然后分别双击"学号""姓名"字段，将其添加到"选定字段"列表框。用相同的方法将"课程"表中的"课程编号""课程名称"字段和"成绩"表中的"分数"字段添加到"选定字段"列表框，如图 5-14 所示。完成后，单击"下一步"按钮。

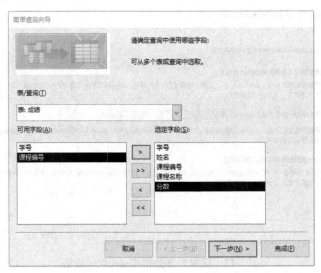

图 5-14　添加选定字段

2）点选"明细（显示每个记录的每个字段）"单选按钮，如图 5-15 所示，单击"下一步"按钮，打开简单查询向导的指定标题界面。

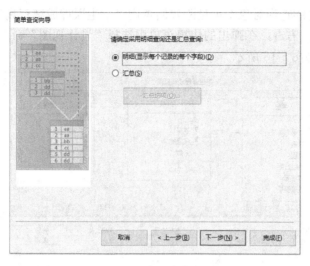

图 5-15 确定查询方式

3）为新建的查询取名为"学生课程成绩查询"，点选"打开查询查看信息"单选按钮，如图 5-16 所示，单击"完成"按钮，显示"学生课程成绩查询"的数据，如图 5-17 所示。同时，创建一个新的查询"学生课程成绩查询"。

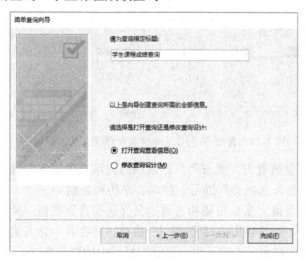

图 5-16 指定查询标题

学号	姓名	课程编号	课程名称	分数
20170102	周喻	CJ002	计算机基础	78
20170102	周喻	CJ003	大学英语	90
20170102	周喻	CJ004	政治经济学	68
20170103	张凤翔	CJ002	计算机基础	81
20170103	张凤翔	CJ003	大学英语	84
20170106	姜芙蓉	CJ003	大学英语	55

记录：第 1 项(共 6 项) ▶ ▶ ▶ 无筛选器 搜索

图 5-17 学生课程成绩查询

4）在导航窗格的查询对象中可见刚建的查询"学生课程成绩查询"，双击也可显示查询结果。选中查询，右击，在弹出的快捷菜单中选择"设计视图"命令，在"分数"列添加条件">=80"，如图 5-18 所示。

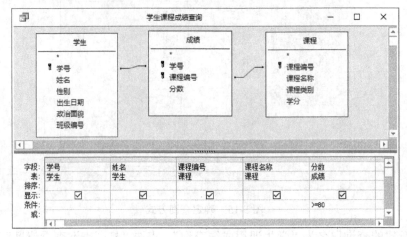

图 5-18　修改设计视图

5）切换到数据视图，查询 80 分以上学生及所学课程的数据视图，如图 5-19 所示。

学号	姓名	课程编号	课程名称	分数
20170102	周喻	CJ003	大学英语	90
20170103	张凤翔	CJ002	计算机基础	81
20170103	张凤翔	CJ003	大学英语	84

记录: 第 1 项(共 3 项) 无筛选器 搜索

图 5-19　查询 80 分以上学生及所学课程的数据视图

步骤 5：创建一参数查询，要求用户在系统的提示框中输入职称条件，运行时只返回符合该职称的教师信息，包括教师编号、姓名、学历和系别。

说明：创建参数查询大多数步骤和普通的条件选择查询类似，只是"条件"列不再输入具体的文字或数值，而是使用方括号"[ ]"占位，并在其中输入提示文字，实现参数查询的设计。查询运行中弹出一个提示框，显示方括号中的提示文字，以指引用户输入信息。用户确认后，系统会用这个输入信息替换"[ ]"占位的内容，动态地生成查询条件，再执行查询以获得用户需要的结果。

1）打开"学生成绩管理"数据库，单击"创建"｜"查询"｜"查询设计"按钮，打开查询设计视图窗口和"显示表"对话框。在"显示表"对话框中选择"表"选项卡，双击"教师"表，将其添加到查询设计视图窗口，单击"关闭"按钮。

2）在查询设计视图窗口的上半部分，通过双击将"职称""教师编号""姓名""学历""系别"字段依次添加到设计网格，如图 5-20 所示。

3）在"职称"字段列的"条件"区域输入"[请输入教师职称：]"，如图 5-21 所示。

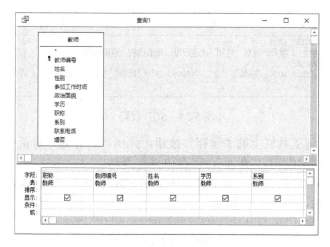

图 5-20 确定查询字段

图 5-21 查询确定条件

4）单击快速访问工具栏上的"保存"按钮，弹出"另存为"对话框，输入查询名称"根据职称参数查询"，单击"确定"按钮，完成查询设计过程。在导航窗格中双击"根据职称参数查询"，弹出"输入参数值"对话框，在"请输入教师职称："文本框中输入"教授"，如图 5-22 所示，单击"确定"按钮。打开数据视图下职称是教授的教师信息，如图 5-23 所示。

图 5-22 输入参数值

图 5-23 参数查询结果

在 Access 2016 中创建参数查询就是创建查询时，在查询条件区域输入用方括号"[ ]"括起来的提示信息。

注意，"[ ]"符号在半角状态下输入。

步骤 6：利用 INSERT 语句向"学生成绩管理"数据库"学生"表中添加一条学生记录(20180102,杨琴,女,1998-8-24, 群众, 工商 1801)。

1）打开"学生成绩管理"数据库，单击"创建"｜"查询"｜"查询设计"按钮，打开查询设计视图窗口和"显示表"对话框。在"显示表"对话框中不选择任何表，直接单击"确定"按钮，进入空白查询设计视图。单击"结果"｜"SQL 视图"按钮，进入 SQL 视图，SQL 代码如图 5-24 所示。

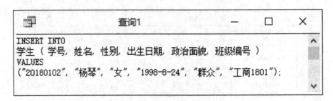

图 5-24　SQL 代码

2）单击快速访问工具栏上的"保存"按钮，弹出"另存为"对话框，在"查询名称"文本框中输入"添加学生 SQL 查询"，保存该操作查询。

3）返回数据库的导航窗格，双击"添加学生 SQL 查询"，运行该操作，观察"学生"表，查看追加的记录，如图 5-25 所示。

学号	姓名	性别	出生日期	政治面貌	班级编号
20170101	李晓双	男	1998/12/1	群众	会计1701
20170102	周喻	男	1999/11/3	群众	会计1701
20170103	张凤翔	女	1999/4/3	中共党员	会计1701
20170106	美芙蓉	女	1998/10/23	中共党员	会计1701
20170107	许倩	女	1998/9/29	群众	会计1701
20170108	海涛	男	1999/8/24	中共党员	会计1701
20170109	朱睿智	男	1997/2/1	群众	会计1701
20170110	杨倩	女	2000/6/13	群众	会计1701
20170125	徐飞彤	男	1998/5/10	群众	经贸1701
20170201	佘婷婷	女	1998/10/3	群众	经贸1701
20170202	刘雅馨	女	1997/10/1	中共党员	经贸1701
20180101	钟晓成	男	1998/11/21	群众	工商1801
20180102	杨琴	女	1998/8/24	群众	工商1801

记录: ⊨ ◀ 第 1 项(共 13 项 ▶ ▶ᵢ ▶ * ‖ 搜索

图 5-25　追加记录的"学生"表

步骤 7：为方便查看学生与班级信息，创建"学生班级信息窗体"窗体，显示"学号""姓名"等信息。

说明：本步骤使用了导航按钮，利用窗体导航按钮可以很方便地维护基于源表或查询的记录。这些维护操作包括在窗体源表或查询中定位记录、添加记录、修改记录、查找和替换记录。导航按钮功能如图 5-26 所示。

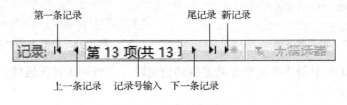

图 5-26　导航按钮功能

1）在"学生成绩管理"数据库中创建空白窗体。在"字段列表"任务窗格中单击"显示所有表"链接，在"字段列表"任务窗格中显示所有表。单击"学生"表前的"+"按钮，展开该表所包含的字段，依次双击表中的"学号""姓名""出生日期""班级编号"字段，再单击"班级"表前的"+"按钮，展开该表所包含的字段，依次双击表中的"班级名称""专业"字段，将这些字段添加到窗体，调整控件布局，如图 5-27 所示。

图 5-27　设计视图中的控件布局

2）利用"窗体页眉/页脚"命令在窗体中添加一个"窗体页眉"节，单击"窗体设计-设计"｜"控件"｜"其他"下拉按钮，在弹出的下拉菜单中选择"标签"选项，在窗体页眉处单击要放置标签的位置，然后输入标签内容"学生班级信息窗体"，设置为较大的字号。

3）打开窗体的"属性表"任务窗格，选择"格式"选项卡，将记录选择器设置为"否"，导航按钮设置为"是"。保存窗体名称为"学生班级信息窗体"，其窗体视图如图 5-28 所示。

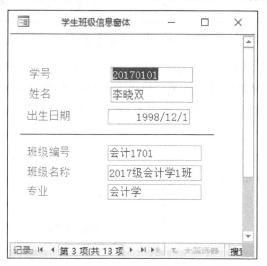

图 5-28　"学生班级信息窗体"的窗体视图

步骤 8：为方便按班级和课程统计并打印学生成绩，创建一个报表，要求显示班级、课程及学生名单与成绩，并统计不同班级、不同课程的平均分。

说明：在 Access 2016"报表向导"对话框的字段选择界面选择需要的报表字段，单击 ＞ 按钮，将所选字段添加到右边的"选定字段"列表框，选中所有字段，单击 ＞＞ 按钮，将这些字段加入"选定字段"列表框。要取消某一个字段或所有字段的选择，则分别使用 ＜

按钮和 << 按钮。

本步骤可以先使用"报表向导"对话框，然后在设计视图中进行修改。

1）打开"报表向导"对话框，在"表/查询"下拉列表框中分别以"学生"表、"课程"表、"成绩"表作为数据源，选择"学生"表中的"学号""姓名""班级编号"字段，选择"课程"表中的"课程名称"字段，选择"成绩"表中的"分数"字段，将它们加入"选定字段"列表框，如图 5-29 所示。单击"下一步"按钮，打开报表向导的查看数据方式设置界面。

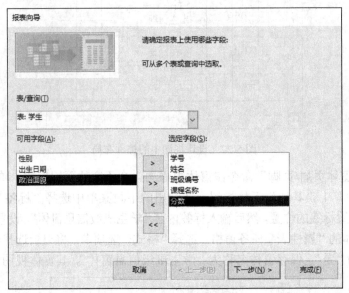

图 5-29　字段设置

2）指定查看数据的方式为"通过 成绩"，单击"下一步"按钮，打开报表向导的添加分组级别界面。选择"班级编号"选项，单击 > 按钮，指定"班级编号"为首分组级别，再选择"课程名称"为下一分组级别，如图 5-30（b）所示。单击"下一步"按钮，打开报表向导的排序和汇总界面。

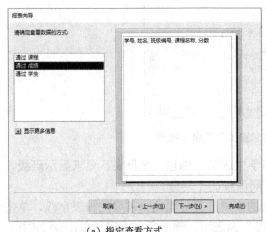

（a）指定查看方式　　　　　　　　　　　（b）设置分组级别

图 5-30　查看方式和分组级别设置

3）选择"学号"为第一排序字段，按升序排列，如图 5-31（a）所示。单击"汇总选项"按钮，弹出"汇总选项"对话框，勾选"平均"复选框，如图 5-31（b）所示。单击"确定"按钮，返回报表向导的排序与汇总界面，单击"下一步"按钮，打开报表向导的布局设置界面。

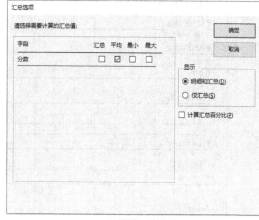

（a）设置排序字段   （b）设置汇总选项

图 5-31　排序与汇总设置

4）在"布局"组中点选"递阶"单选按钮，在"方向"组中点选"纵向"单选按钮，如图 5-32 所示。单击"下一步"按钮，打开报表向导的指定标题界面，为报表指定标题"学生成绩统计报表"，单击"完成"按钮。

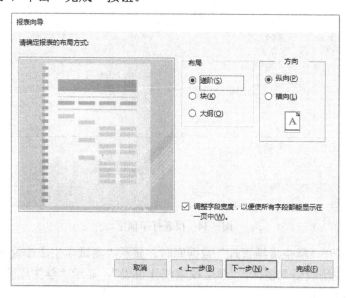

图 5-32　布局设置

5）报表向导完成后，进入设计视图，对布局进行调整，加入单横线作为不同课程的分隔，报表设计视图如图 5-33 所示。

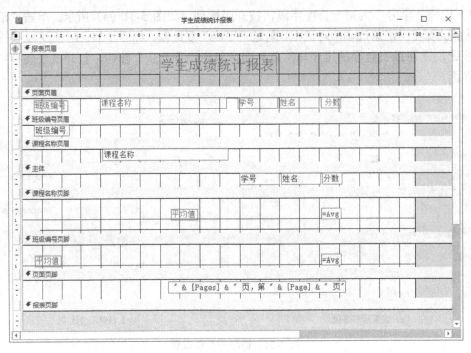

图 5-33　报表设计视图

6）以打印预览方式查看报表效果，报表打印预览局部如图 5-34 所示。

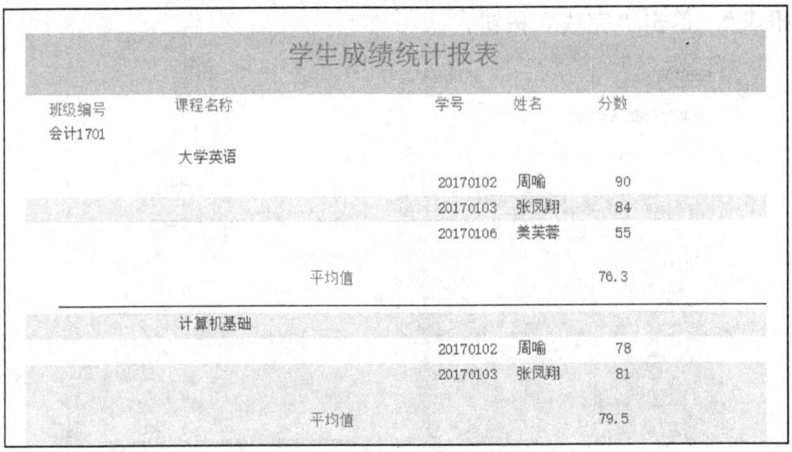

图 5-34　报表打印预览

步骤 9： 在打开"学生成绩管理"数据库时，显示"测试学生成绩管理管理系统"，然后依次打开"学生班级信息窗体""学生成绩统计报表"，显示"学生成绩统计报表"时筛选出 80 分以上的成绩。

说明： 在打开 Access 数据库的同时，运行指定任务可以利用自动宏完成，显示"测试学生成绩管理管理系统"信息则可用对话框实现。本任务涉及的宏命令有：MessageBox，用于显示消息框，可以设置消息框的类型；OpenForm，用于打开一个窗体，同时指定打开窗体的视图模式，筛选窗体内基本记录，指定窗体数据编辑模式与窗体窗口模式；

OpenReport，用于打开一个报表，同时指定打开报表的视图模式，筛选报表内基本表的记录，指定报表窗口模式，报表默认的视图为打印，执行宏操作时将自动打印该报表，在多数情况下，应该把视图模式修改为打印预览。其他常用的还有 OpenQuery、OpenTable，功能分别是打开一个查询、打开一个数据表。

1）打开"学生成绩管理"数据库，单击"创建"｜"宏与代码"｜"宏"按钮，打开宏设计器，在"添加新操作"下拉列表框中选择"MessageBox"选项，在"消息"文本框中输入"测试学生成绩管理管理系统"，类型设置为信息。

2）在"添加新操作"下拉列表框中选择"OpenForm"选项，在"窗体名称"文本框中输入"学生班级信息窗体"，视图设置为窗体，窗口模式设置为普通。

3）在"添加新操作"下拉列表框中选择"OpenReport"选项，在"报表名称"文本框中输入"学生成绩统计报表"，视图设置为打印预览，在"当条件"文本框中输入"[成绩]![分数]>=80"，窗口模式设置为普通，如图 5-35 所示。

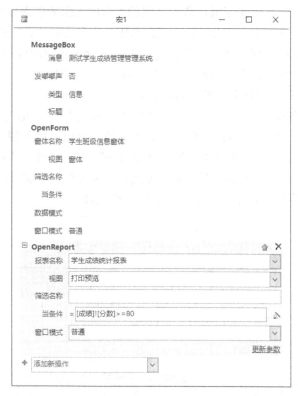

图 5-35　宏设计

4）单击快速访问工具栏上的"保存"按钮，在弹出的"另存为"对话框中输入宏名称"Autoexec"，单击"确定"按钮，关闭数据库。重新启动"学生成绩管理"数据库，验证自动运行宏的运行情况，依次弹出"测试学生成绩管理管理系统"提示框、"学生班级信息窗体"及学生成绩统计报表打印预览视图，如图 5-36 所示。

学生成绩统计报表				
班级编号 会计1701	课程名称	学号	姓名	分数
	大学英语			
		20170102	周喻	90
		20170103	张凤翔	84
	平均值			87
	计算机基础			
		20170103	张凤翔	81
	平均值			81
平均值				85

图 5-36　宏自动运行的报表

步骤 10：创建一个需要验证用户名和密码的"含嵌入宏的权限操作窗体"窗体，预设用户名为 user，密码为 123。当用户输入正确的用户名和密码后，单击"操作"按钮，打开"学生班级信息窗体"；单击"退出"按钮，退出"含嵌入宏的权限操作窗体"。

1）打开"学生成绩管理"数据库，单击"创建"|"窗体"|"空白窗体"按钮，打开空白窗体窗口，设计"含嵌入宏的权限操作窗体"。

2）单击"窗体布局工具-设计"|"工具"|"属性表"按钮，弹出"属性表"任务窗格。选择"格式"选项卡，单击"图片"后的按钮，弹出"插入图片"对话框，选择所需要的图片文件，这里选择背景图片"蓝天草坪.bmp"，单击"确定"按钮，图片平铺设置为是，图片对齐方式设置为中心，图片缩放模式设置为拉伸，在窗体的设计视图上出现背景图片，窗体外观如图 5-37 所示，其他设置参见图 5-38。

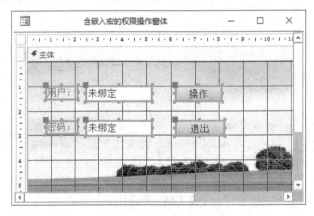

图 5-37　"含嵌入宏的权限操作窗体"外观

3）针对"用户"文本框的名称属性设置为 username，边框样式、颜色等其他设置参见图 5-39。"密码"文本框的名称属性为 password，输入掩码属性设置为密码，其他同 username。

4）右击"操作"按钮，在弹出的快捷菜单中选择"属性"命令，弹出"属性表"任务窗格。在"事件"选项卡中设置"单击"事件，单击其后的"生成器"按钮，弹出"选择生成器"对话框，选择"宏生成器"选项，打开宏设计器。添加 If 操作，在条件框中输入

"[username]="user" and [password]="123""，如图 5-40 所示。

图 5-38　窗体属性设置

图 5-39　文本框属性设置

图 5-40　If 条件设置

5）添加"OpenForm"操作，窗体名称参数设置为"学生班级信息窗体"，如图 5-41 所示。

图 5-41　OpenForm 参数设置

6）添加"Else"操作，然后添加"MessageBox"操作，消息参数设置为"用户名称或密码错误，请重新输入。"，其他设置如图 5-42 所示。

图 5-42　MessageBox 参数设置

7）右击"退出"按钮，在弹出的快捷菜单中选择"属性"命令，弹出"属性表"任务窗格，在"事件"选项卡中设置"单击"事件，单击其后的"生成器"按钮，弹出"选择生成器"对话框，选择"宏生成器"选项，然后单击"确定"按钮，打开宏设计器。添加"CloseWindow"操作，参数设置如图 5-43 所示。

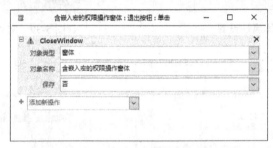

图 5-43　CloseWindow 参数设置

8）切换到窗体视图，如图 5-44 所示，在两个文本框中输入正确的用户名、密码，查看结果；然后输入错误的用户名、密码，查看出现的情况。同时，观察导航窗格中的宏对象，是否有新的宏出现。

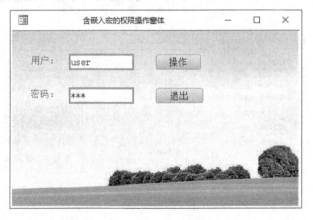

图 5-44　测试含嵌入宏的权限操作窗体

第6章
Python 基础实验

实验项目 6.1　数据类型与程序控制实验

相关知识点

1）Python 的变量不必显式地声明保留的存储器空间，可利用等号"="来赋值。

2）数字数据类型存储数值。它们是不可变的数据类型，包括 int、float、bool、complex（复数）。

3）列表是通用的 Python 复合数据类型。列表中包括以逗号分隔，并在方括号"[]"中包括的项目。

4）元组是类似于列表中的序列数据类型。一个元组是由数个逗号分隔的值。列表和元组之间的主要差别在于，列表括在方括号"[]"中，元素和大小是能够改变的，而元组在圆括号"()"中，不能被更新。

5）Python 字典是一种哈希表型，由键-值对组成。字典键一般是数字或字符串，值可以是任意的 Python 对象。字典由花括号"{}"括起，可分配值，并用方括号"[]"访问。

6）if 语句在一个布尔表达式计算为 True 时执行一个程序语句块。if 语句支持一个可选的 else 子句，用于指示当布尔表达式计算为 False 时应该处理的程序语句块。

7）Python 中的一种流程控制语句是 while 循环，它在一个表达式计算为 True 时执行一个程序语句块。while 循环与 if 语句一样，支持一个可选的 else 子句，其中包含一个当表达式计算为 False 时执行的程序语句块。

8）Python 中的 for 循环很特殊，与 Python 编程语言中内置的容器数据类型紧密相关。当在现实生活中有一个容器对象（如书包）时，用户通常想要看它所包含的东西。在编写 Python 程序时也是这样的。当需要对某件事情重复执行多次时，可使用 for 循环。

实验目的

1）掌握 Python 中的变量和变量类型。

2）了解不同运算符的作用，会进行不同类型的数值运算。

3）掌握判断语句的使用方法。

4）掌握循环语句的使用方法。

5）掌握列表的常见操作。

6）掌握元组的使用方法。

7）掌握字典的常见操作。

实验要求

1）输入三角形的 3 个边的长度 a、b、c，求三角形的周长。

2）编写一个程序，用于判断一个数的正负。

3）根据下列需求，编写一个程序。

用户输入一个字符串，将下标为偶数的字符提取出来，合并成一个新的字符串 A；再将下标为奇数的字符提取出来，合并成一个新的字符串 B；最后将字符串 A 和 B 连接起来并输出。

4）假设有一个列表存储了奇数个数字，请编写程序，输出排序后中间位置的数字。

5）请编写一个程序，使用字典存储学生信息，包括学号和姓名，并根据学生学号从小到大输出学生信息。

实验步骤

步骤 1：输入三角形的 3 个边的长度 a、b、c，求三角形的周长。

1）启动 PyCharm。

2）单击"Create New Project"按钮，如图 6-1 所示，打开"New Project"窗口。

图 6-1　单击"Create New Project"按钮

3）输入图 6-2 所示的项目存储路径，单击"Create"按钮。

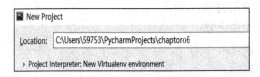

图 6-2　输入项目存储路径

4）右击"chaptor06"，在弹出的快捷菜单中选择"New"｜"Python File"命令，如图 6-3 所示，弹出"New Python file"对话框。

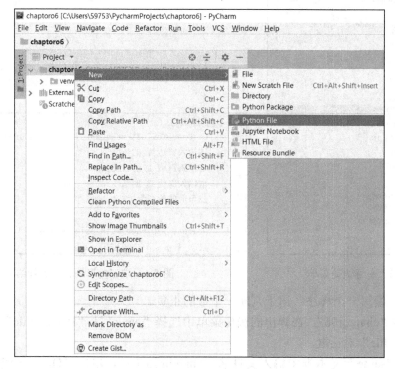

图 6-3　选择相应命令

5）在"Name"文本框中输入文件名"chaptor06_01"，单击"OK"按钮，如图 6-4 所示。

图 6-4　"New Python file"对话框

6）输入以下代码：

```
a=float(input("请输入斜边 1 的长度:"))  #输入实数
b=float(input("请输入斜边 2 的长度:"))  #输入实数
c=float(input("请输入斜边 3 的长度:"))  #输入实数
d=a+b+c
print("三角形的周长为:",d)
```

7）右击程序任意位置，在弹出的快捷菜单中选择"Run'chaptor06_01'"命令，运行该程序，如图 6-5 所示。

8）输入相应的边长，可得到最终的结果，如图 6-6 所示。

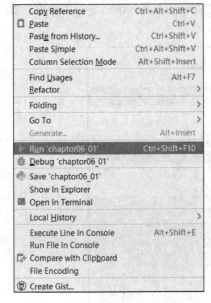

图 6-5　右键快捷菜单

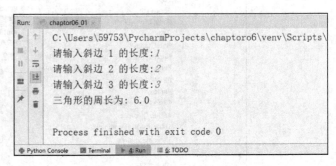

图 6-6　求三角形周长的运行结果

步骤 2：编写一个程序，用于判断一个数的正负。

1）右击"chaptor06"，在弹出的快捷菜单中选择"New"｜"Python File"命令，弹出"New Python file"对话框。

2）在"Name"文本框中输入文件名"chaptor06_02"，单击"OK"按钮，如图 6-7 所示。

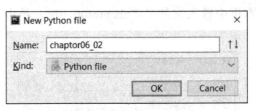

图 6-7　设置文件名称

3）输入以下代码：

```python
a=int(input("请输入一个数："))
if a>0:
    print("a 是一个正数")
elif a<0:
    print("a 是一个负数")
else:
    print("a 等于 0")
```

4）右击程序任意位置，在弹出的快捷菜单中选择"Run'chaptor06_02'"命令，运行该程序。

5）输入不同的 a 值，可得到不同的结果，如图 6-8 所示。

图 6-8　判断数字正负的运行结果

步骤 3：根据下列需求，编写一个程序。

用户输入一个字符串，将下标为偶数的字符提取出来，合并成一个新的字符串 A；再将下标为奇数的字符提取出来，合并成一个新的字符串 B；最后将字符串 A 和 B 连接起来并输出。

1）右击"chaptor06"，在弹出的快捷菜单中选择"New"｜"Python File"命令，弹出"New Python file"对话框。

2）在"Name"文本框中输入文件名"chaptor06_03"，单击"OK"按钮。

3）输入以下代码：

```
arr = []
evenStr = ""
oddStr = ""
message = input("请输入任意字符串：")
for string in message:
    arr.append(string)
for eStr in (arr[::2]):
    evenStr = evenStr+eStr
for oStr in (arr[1::2]):
    oddStr = oddStr+oStr
print(evenStr+oddStr)
```

4）右击程序任意位置，在弹出的快捷菜单中选择"Run 'chaptor06_03'"命令，运行该程序。

5）输入任意字符串，得到最终的结果，如图 6-9 所示。

图 6-9　重新输出字符串的运行结果

步骤 4: 假设有一个列表存储了奇数个数字,请编写程序,输出排序后中间位置的数字。

1) 右击"chaptor06",在弹出的快捷菜单中选择"New" | "Python File"命令,弹出"New Python file"对话框。

2) 在"Name"文本框中输入文件名"chaptor06_04",单击"OK"按钮。

3) 输入以下代码:

```python
arr = []
length = int(input("请输入数字的总个数(必须为奇数):"))
i = 0
while i < length:
    num = int(input("输入第%d个数字:"%(i+1)))
    arr.append(num)
    i+=1
arr.sort()          #对列表arr进行排序
index = int(length/2)
print(arr[index])
```

4) 右击程序任意位置,在弹出的快捷菜单中选择"Run'chaptor06_04'"命令,运行该程序。

5) 输入任意字符串,得到最终的结果,如图 6-10 所示。

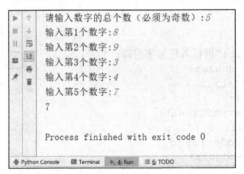

图 6-10 输出中间数字的运行结果

步骤 5: 请编写一个程序,使用字典存储学生信息,包括学号和姓名,并根据学生学号从小到大输出学生信息。

1) 右击"chaptor06",在弹出的快捷菜单中选择"New" | "Python File"命令,弹出"New Python file"对话框。

2) 在"Name"文本框中输入文件名"chaptor06_05",单击"OK"按钮。

3) 输入以下代码:

```python
dic = {}
i=0
while i<3:
    number = input("输入学生学号:")
    name = input("输入学生姓名:")
    dic.__setitem__(number,name)
```

```
        i+=1
print("排序前: %s"%dic)
def dict2list(dic:dict):
    ''' 将字典转化为列表 '''
    keys = dic.keys()
    vals = dic.values()
    lst = [(key, val) for key, val in zip(keys, vals)]
    return lst
new = sorted(dict2list(dic), key=lambda x:x[0], reverse=False)
print("排序后: %s"%new)
```

4）右击程序任意位置，在弹出的快捷菜单中选择 "Run 'chaptor06_05'" 命令，运行该程序。

5）输入相应内容，得到最终的结果，如图 6-11 所示。

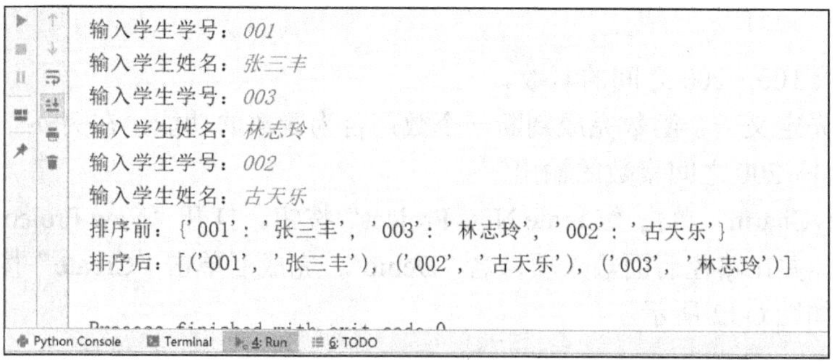

图 6-11　输出学生信息的运行结果

实验项目 6.2　函数与模块实验

相关知识点

函数的作用是将代码按功能进行封装，在函数定义完成后就可以调用该函数。如果函数定义时有形参，则在函数调用时为其提供一个实参。函数体中是可以调用其他函数的，如果函数是有返回值的，可以在函数调用时用一个变量来接收其返回值。返回值还可以作为结果参与其他计算或函数体的构造。

模块是函数功能的扩展，一个模块中包含多个函数和属性。在使用模块时，可以通过 "import 模块名" 格式进行导入。导入后，若要使用对应函数或属性，则通过 "模块名.函数或属性" 进行调用。也可以通过 "from 模块名 import 函数或属性" 格式进行导入，导入后直接使用模块中对应函数。

另外，可以把函数放在一个自定义的模块中，其他模块通过导入该自定义模块来调用其函数。

实验目的

1）掌握函数的定义。

2）掌握函数形参和实参的使用方法。

3）掌握函数的调用方法。

4）掌握函数返回值的使用方法。

5）掌握模块的导入和使用方法。

6）掌握自定义模块的定义和使用方法。

实验要求

1）求 100～200 之间的素数。

2）输入任意年月日，判断其是一年中的第几天，如 2019.5.27 是 2019 年第 147 天。

3）使用自定义模块方式改造步骤 2），将判断闰年函数写到模块"custommodule"中，然后在其他 Python 代码中调用此自定义模块。

实验步骤

步骤 1：求 100～200 之间的素数。

说明：首先定义一个函数完成判断一个数是否为素数的功能，在另外一个函数中调用此函数完成 100～200 之间素数的输出。

1）打开 PyCharm，单击"Create New Project"按钮。打开"New Project"窗口，选择项目存储路径，并在路径后面输入项目名"Demo"，完成后单击"Create"按钮，完成实验项目的创建，如图 6-12 所示。

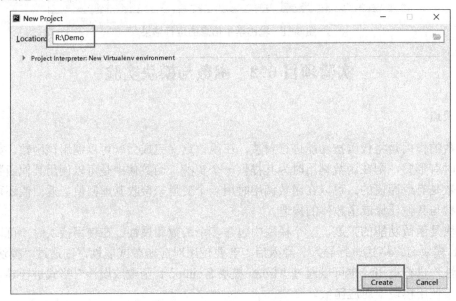

图 6-12　输入项目名和项目存储路径

2）进入项目和代码编辑界面，在项目名称上单击，在弹出的快捷菜单中选择"New"｜"Python File"命令，如图 6-13 所示，弹出"New Python file"对话框。在"Name"文本框中输入文件名"test01"，如图 6-14 所示。

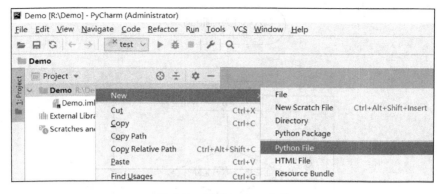

图 6-13　新建 Python 文件

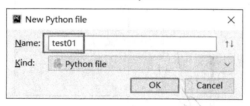

图 6-14　输入 Python 文件名

3）以上操作完成后，可以在项目目录中看到新建的 Python 文件，即 "test01.py" 文件，双击打开该文件，如图 6-15 所示。下面就开始在左边的代码编辑区中编写代码。

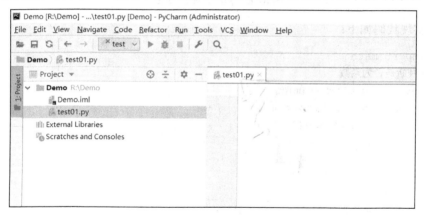

图 6-15　代码编辑窗口

4）对该问题进行分析：首先，需要写一个函数来判断一个数 m 是否为素数，其算法是 m 不必被 2～（m-1）之间的每一个整数整除，只需被 2～$\sqrt{m}$ 之间的每一个整数整除就可以了。如果 m 不能被 2～$\sqrt{m}$ 间任一整数整除，则 m 必定是素数。例如，判断 17 是否为素数时，只需要让 17 被 2～4 的每一个整数整除，由于都不能整除，可以判断 17 是素数。其次，再写一个函数，其包括两个形参，对应判断区间的上下界。程序逻辑流程图如图 6-16 所示。

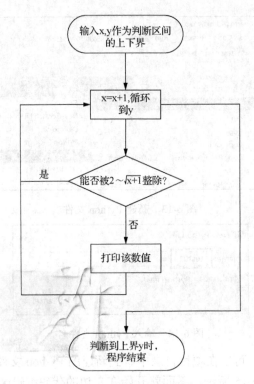

图 6-16　程序逻辑流程图 1

具体实现代码如下：

```python
import math
#判断是否为素数
def isPrimeNumber(m):
    k = int(math.sqrt(m))
    for i in range(2, k + 1):
        if n % i == 0:
            return False
            break
    return True
#判断某区间内的所有素数，x 为下界，y 为上界
def getResult(x,y):
    for i in range(x+1,y):
        if(isPrimeNumber(i)):
            print(i)
getResult(100,200)
```

判断是否为素数代码的运行结果如图 6-17 所示。

步骤 2： 输入任意年月日，判断其是一年中的第几天，如 2019.5.27 是 2019 年第 147 天。

1）按照步骤 1 中新建 Python 文件的步骤，新建一个新的 Python 文件 "test02.py"，完成后双击 "test02.py" 进行代码编写。

2）对于该问题先进行分析，因为闰年和非闰年的 2 月分别为 29 天和 28 天，所以首先定义一个函数来完成闰年的判断，确定之后，通过定义一个数组存储一年中每个月的天数，然后通过给定月份来完成该月之前一共多少天，最后加上这个月的天数即可得出结果。程序逻辑流程图如图 6-18 所示。

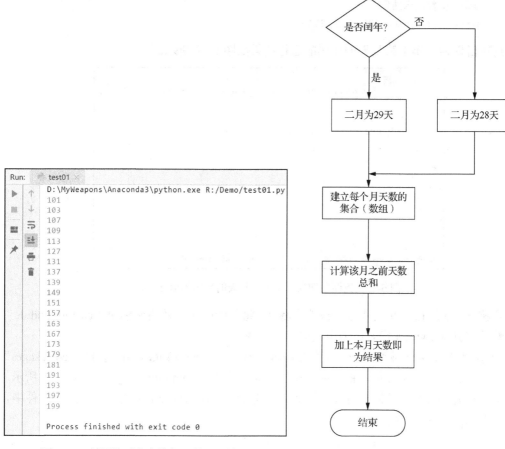

图 6-17　判断是否为素数代码的运行结果　　　图 6-18　程序逻辑流程图 2

具体实现代码如下：

```python
#判断是否为闰年
def isLeapYear(year):
    if year%400==0 or (year%4==0 and year%100!=0):
        #是闰年，则2月有29天
        return 29
    else:
        #不是闰年，则2月有28天
        return 28
#计算第几天
```

```
def whichDay(year, month, day):
    if month<0 or month>12 or day>31:
        return 0
    num = 0
    months = [31, isLeapYear(year),31,30,31,30,31,31,30,31,30,31]
    for i in range(0,month-1):
        num+=months[i]
    return num+day
#调用函数显示结果
print(whichDay(2019,5,27))
```

判断日期为一年中第几天的代码的运行结果如图 6-19 所示。

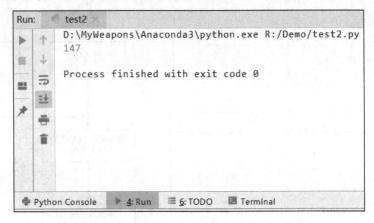

图 6-19　判断日期为一年中第几天的代码的运行结果

步骤 3：使用自定义模块方式改造步骤 2，将判断闰年函数写到模块“custommodule”中，然后在其他 Python 代码中调用此自定义模块。

1）找到 Anaconda 安装目录，在“…\Anaconda3\Lib\site-packages”中找到“site-packages”文件夹。新建一个文本文件，将文件名和扩展名改为“custommodule.py”，如图 6-20 所示。用记事本打开该文件，复制判断闰年的函数代码 isLeapYear(year)，并将其粘贴到该文件中，如图 6-21 所示，保存文件。

```
custommodule.py - 记事本
文件(F) 编辑(E) 格式(O) 查看(V) 帮助(H)
# 判断是否闰年
def isLeapYear(year):
    if year % 400 == 0 or (year % 4 == 0 and year % 100 != 0):
        # 是闰年则2月有29天
        return 29
    else:
        # 不是闰年则2月有28天
        return 28
```

Anaconda3 › Lib › site-packages

custommodule.py

图 6-20　新建模块文件　　　　　　　图 6-21　将判断闰年的函数粘贴到模块文件中

2）按照步骤 1 中的操作在项目中新建“test03.py”。双击“test03.py”将其打开，用 from…import…语句调用这个自定义模块。其实现代码如下：

```
from custommodule import *
```

```
#计算第几天
def whichDay(year, month, day):
    if month<0 or month>12 or day>31:
        return 0
    num=0
    months=[31,isLeapYear(year),31,30,31,30,31,31,30,31,30,31]
    for i in range(0,month-1):
        num+=months[i]
    return num+day
#调用函数显示结果
print(whichDay(2019,5,27))
```

调用自定义模块代码的运行结果如图 6-22 所示。

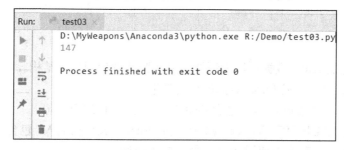

图 6-22 调用自定义模块代码的运行结果

第 7 章
Python 与 Office 的综合应用实验

实验项目　证券交易数据管理

相关知识点

1）根据已有的 Excel 数据可以为证券交易实验数据库规划表结构。

2）用 Python 可以完成 Excel 数据的自动读取。

3）用 Python 完成表的创建，包含 ODBC 技术、SQL 建表语句。

4）利用 SQL 的 INSERT 语句和 Python 完成 Access 表数据输入，包含类的设计、使用。

5）多表查询，在查询中使用计算字段，参数查询。

6）窗体/子窗体的创建。

7）报表分组、汇总。

8）相关证券知识，如市盈率、市净率。

实验目的

1）了解数据库规划设计过程，表结构设计的方法。

2）掌握 Python 编程创建 Access 表的方法。

3）掌握 Python 编程读取 Excel 数据的方法。

4）掌握 Python 编程输入 Access 表数据的方法。

5）掌握多表查询的创建，以及计算字段、参数查询的方法。

6）掌握窗体创建中的窗体/子窗体。

7）掌握报表的分组、汇总、计算数据。

实验要求

完成"证券交易数据管理"数据库的设计与 Python 编程创建基础表的实施，具体要求如下：

1）证券交易数据准备。

2）创建"证券交易数据管理"数据库，设计该数据库的基本表，表结构设计内容包括字段名、数据类型、字段大小等。

3）在 PyCharm 环境下编程完成证券基本信息表、交易数据表的创建和数据读取、写入工作。

4）为"证券交易数据管理"数据库中的 4 张表建立关联。

5）在查询过程中输入证券所属行业，筛选出市盈率小于或等于 10，市净率小于或等于 1 的股票，按市盈率升序排序。

6）在"证券交易数据管理"数据库中，先利用窗体设计视图创建一个"三天交易数据"主窗体，含代码、名称。再利用子窗体控件，创建 3 个包含在其中的交易数据子窗体。3 个子窗体中的交易数据与主窗体中的证券代码、证券名称联动。

7）创建一个报表，用以分行业显示股票的平均市盈率、市净率、涨幅。

实验步骤

步骤 1：证券交易数据准备。

这里摘取少量证券数据进行分析练习实验，要分析的数据以上海证券交易所 600 开头代码的前 20 只股票为例，可以从东方财富、新浪财经等网站获取保存为 Excel 文件，即"证券基本信息.xlsx"，如表 7-1 所示。

表 7-1　证券基本信息

代码	名称	所属行业	地区	市盈率	每股收益	每股净资产	上市日期	股东人数
600000	浦发银行	银行	上海	4.96	0.53	15.63	19991110	190370
600004	白云机场	机场	广东	36.56	0.108	7.66	20030428	44588
600006	东风汽车	汽车整车	湖北	21.89	0.058	3.63	19990727	126391
600007	中国国贸	园区开发	北京	13.99	0.243	7.11	19990312	13031
600008	首创股份	环境保护	北京	42.59	0.02	1.98	20000427	227260
600009	上海机场	机场	上海	23.84	0.722	15.38	19980218	34983
600010	包钢股份	普钢	内蒙古	40.93	0.011	1.16	20010309	604500
600011	华能国际	火力发电	北京	9.37	0.16	4.84	20011206	88470
600012	皖通高速	路桥	安徽	9	0.174	6.25	20030107	31817
600015	华夏银行	银行	北京	6.27	0.24	12.56	20030912	121070
600016	民生银行	银行	北京	4.25	0.361	9.75	20001219	386990
600017	日照港	港口	山东	10.11	0.076	3.74	20061017	144342
600018	上港集团	港口	上海	22.85	0.083	3.44	20061026	225754
600019	宝钢股份	普钢	上海	14.18	0.122	8.04	20001212	350479
600020	中原高速	路桥	河南	7.19	0.206	4.41	20030808	95477
600021	上海电力	火力发电	上海	20.15	0.103	6.16	20031029	112374
600022	山东钢铁	普钢	山东	30.5	0.014	1.86	20040629	317676
600023	浙能电力	火力发电	浙江	14.79	0.078	4.66	20131219	182842
600025	华能水电	水力发电	云南	21.65	0.045	2.5	20171215	213105
600026	中远海能	水运	上海	14.53	0.106	6.94	20020523	97254

对于交易数据，这里以 3 天为例进行入库分析，分别是"交易数据20190527.xlsx""交易数据20190528.xlsx""交易数据20190529.xlsx"，其中 20190527 的证券交易数据如表 7-2 所示。

表 7-2　20190527 的证券交易数据

代码	收盘价	开盘价	最高价	最低价	换手率
600000	11.22	11.09	11.26	10.96	0.12485
600004	16.18	16.21	16.29	15.78	0.68525
600006	5.13	5.05	5.18	4.89	2.01624
600007	13.62	13.53	13.66	13.42	0.07183
600008	3.46	3.41	3.46	3.39	0.24377
600009	68.1	67.97	68.76	66.56	0.79155
600010	1.68	1.66	1.69	1.62	1.56137
600011	6.26	6.15	6.29	6.14	0.16234
600012	6.23	6.15	6.27	6.08	0.33302
600015	7.53	7.46	7.55	7.4	0.23249
600016	6.14	6.1	6.16	6.05	0.24783
600017	3.09	3.03	3.09	3.01	0.52899
600018	7.46	7.43	7.5	7.22	0.19833
600019	6.75	6.69	6.78	6.67	0.21019
600020	5.96	5.55	6.06	5.52	4.73844
600021	8.36	8.24	8.4	8.22	0.15869
600022	1.69	1.67	1.7	1.66	0.48697
600023	4.58	4.53	4.6	4.52	0.06731
600025	3.79	3.75	3.8	3.73	0.13256
600026	6.15	5.93	6.19	5.87	0.5475

步骤 2：创建"证券交易数据管理"数据库，设计该数据库的基本表。

1）启动 Access 2016，选择"空白桌面数据库"选项，弹出"空白桌面数据库"对话框。确定保存位置，并输入文件名"证券交易数据管理"，单击"创建"按钮，在 D 盘建立"证券交易数据管理"数据库。

2）根据证券交易现有数据与每天需要追加数据的情况，这里以 3 个交易日为例，数据库需创建 4 张表，分别为"证券基本信息"表，其结构如表 7-3 所示；"交易数据 20190527"表、"交易数据 20190528"表、"交易数据 20190529"表，结构如表 7-4 所示。

表 7-3　"证券基本信息"表结构

字段名称	数据类型	字段大小（格式）
代码	短文本	6
名称	短文本	10
所属行业	短文本	10
地区	短文本	6
市盈率	数字	
每股收益	数字	

续表

字段名称	数据类型	字段大小（格式）
每股净资产	数字	
上市日期	短文本	8（如 20170302）
股东人数	数字	长整型

表 7-4　交易数据表结构

字段名称	数据类型	字段大小（格式）
代码	短文本	6
收盘价	数字	
开盘价	数字	
最高价	数字	
最低价	数字	
换手率	数字	

步骤 3：在 PyCharm 环境下编程完成"证券基本信息"表、交易数据表的创建和数据读取、写入工作。

说明：在程序编写前需要预先配置好环境，包括安装 Anaconda、64 位 Office 2016、驱动 AccessDatabaseEngine_X64，并设置好 Access 的 ODBC 数据源，导入 Python 中用来操作 ODBC 的类库 pypyodbc。可参见教材《Office 高级应用与 Python 综合案例教程》的第 7 章。

4 个文件"证券基本信息.xlsx""交易数据 20190527.xlsx""交易数据 20190528.xlsx""交易数据 20190529.xlsx"保存在"D:\交易数据\"文件夹中。"交易数据 20190528.xlsx"在 Excel 中的显示如图 7-1 所示。

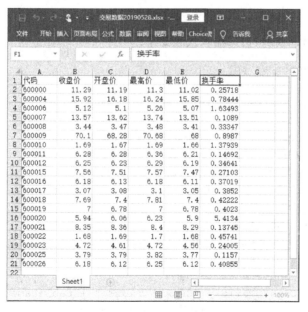

图 7-1　"交易数据 20190528.xlsx"在 Excel 中的显示

具体操作如下：

1）启动 PyCharm，选择"File"｜"Create New Project"命令，打开"New Project"窗口，在其中输入项目存放路径"D:\PycharmProjectsStock"，单击"Create"按钮，创建项目。完成后，右击项目名，在弹出的快捷菜单中选择"New"｜"Python File"命令，如图 7-2 所示，弹出"New Python file"对话框。

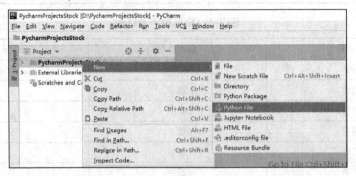

图 7-2　创建 Python 文件

2）在"Name"文本框中输入"ExcelToAccess"，如图 7-3 所示，单击"OK"按钮，完成 Python 文件的创建。

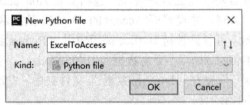

图 7-3　为 Python 文件命名

在 PyCharm 的代码编辑窗口输入代码如下：

```python
import pandas as pd
import pypyodbc
class ExcelToAccessTable:
    def __init__(self):
        database = "D:\\交易数据\\证券交易实验.accdb"
        strODBC = 'Driver={Microsoft Access Driver
            (*.mdb,*.accdb)};DBQ=' + database
        self.db = pypyodbc.win_connect_mdb(strODBC)
    def __del__(self):
        self.db.close()
    def writeAccessTransactionTable(self, df_data, table_name):
        curser = self.db.cursor()
        tablename = table_name
        sqlCreateTable = "CREATE TABLE " + tablename +\
                    "([代码] varchar(6)," \
                    "[收盘价]float," \
```

```
                        "[开盘价]float," \
                        "[最高价]float," \
                        "[最低价]float," \
                        "[换手率]float," \
                        "PRIMARY KEY([代码]))"
        curser.execute(sqlCreateTable)
        self.db.commit()
        for index, row in df_data.iterrows():
            try:
                sqlInsertRecord = \
                    "INSERT INTO %s(代码,收盘价,开盘价,最高价,最低价,换手率)" \
                    "VALUES('%s',%f,%f,%f,%f,%f)" \
                    % (tablename, row[0], row[1], row[2], row[3], row[4],
                        row[5])
                curser.execute(sqlInsertRecord)
            except Exception as error:
                print(error)
                print("插入", row[0], "出错")
        self.db.commit()
    def writeAccessBasicTable(self, df_data, table_name):
        curser = self.db.cursor()
        tablename = table_name
        sqlCreateTable = "CREATE TABLE " + tablename + \
                        "([代码] varchar(6)," \
                        "[名称]varchar(10)," \
                        "[所属行业]varchar(10)," \
                        "[地区]varchar(6)," \
                        "[市盈率]float," \
                        "[每股收益]float," \
                        "[每股净资产]float," \
                        "[上市日期]varchar(8)," \
                        "[股东人数]int," \
                        "PRIMARY KEY([代码]))"
        curser.execute(sqlCreateTable)
        self.db.commit()
        for index, row in df_data.iterrows():
            try:
                sqlInsertRecord = \
                    "INSERT INTO %s(代码,名称,所属行业,地区,市盈率,每股收益,每
                        股净资产,上市日期,股东人数)" \
                    "VALUES('%s','%s','%s','%s',%f,%f,%f,'%s',%d)" \
                    % (tablename, row[0], row[1], row[2], row[3], row[4],
                        row[5], row[6], row[7], row[8])
                curser.execute(sqlInsertRecord)
            except Exception as error:
                print(error)
```

```
                print("插入", row[0], "出错")
            self.db.commit()

if __name__ == '__main__':
    dfTransaction1 = pd.read_excel(r'D:\交易数据\交易数据 20190527.xlsx',
        converters={u'代码': str})
    dfTransaction2 = pd.read_excel(r'D:\交易数据\交易数据 20190528.xlsx',
        converters={u'代码': str})
    dfTransaction3 = pd.read_excel(r'D:\交易数据\交易数据 20190529.xlsx',
        converters={u'代码': str})
    eta = ExcelToAccessTable()
    eta.writeAccessTransactionTable(dfTransaction1, "交易数据 20190527")
    eta.writeAccessTransactionTable(dfTransaction2, "交易数据 20190528")
    eta.writeAccessTransactionTable(dfTransaction3, "交易数据 20190529")
    dfBasic = pd.read_excel(r'D:\交易数据\证券基本信息.xlsx',
        converters={u'代码': str})
    eta.writeAccessBasicTable(dfBasic,"证券基本信息")
```

3）代码输入调试完成后，单击“运行”按钮。此时，查看“证券交易数据管理”数据库，可以发现在导航窗格的表对象中多了“证券基本信息”“交易数据 20190527”“交易数据 20190528”“交易数据 20190529”这 4 张表，如图 7-4 所示。

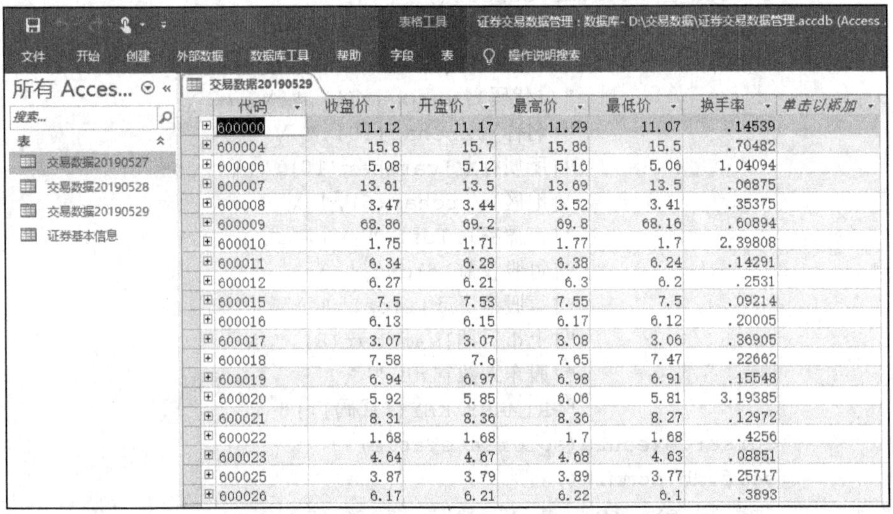

代码	收盘价	开盘价	最高价	最低价	换手率
600000	11.12	11.17	11.29	11.07	.14539
600004	15.8	15.7	15.86	15.5	.70482
600006	5.08	5.12	5.16	5.06	1.04094
600007	13.61	13.5	13.69	13.5	.06875
600008	3.47	3.44	3.52	3.41	.35375
600009	68.86	69.2	69.8	68.16	.60894
600010	1.75	1.71	1.77	1.7	2.39808
600011	6.34	6.28	6.38	6.24	.14291
600012	6.27	6.21	6.3	6.2	.2531
600015	7.5	7.53	7.55	7.5	.09214
600016	6.13	6.15	6.17	6.12	.20005
600017	3.07	3.07	3.08	3.06	.36905
600018	7.58	7.6	7.65	7.47	.22662
600019	6.94	6.97	6.98	6.91	.15548
600020	5.92	5.85	6.06	5.81	3.19385
600021	8.31	8.36	8.36	8.27	.12972
600022	1.68	1.68	1.7	1.68	.4256
600023	4.64	4.67	4.68	4.63	.08851
600025	3.87	3.79	3.89	3.77	.25717
600026	6.17	6.21	6.22	6.1	.3893

图 7-4　Python 程序在 Access 中生成的表

步骤 4：为“证券交易数据管理”数据库中的 4 张表建立关联。

1）单击“数据库工具”|“关系”|“关系”按钮，打开“关系”窗口。单击“关系工具-设计”|“关系”|“显示表”按钮，弹出“显示表”对话框，选中所有表，将其添加到“关系”窗口。

2）在“证券基本信息”表中选中“代码”字段，按住鼠标左键，将其拖动到“交易数据 20190527”表的“代码”字段，松开左键，这时弹出“编辑关系”对话框。勾选“实施参照完整性”和“级联更新相关字段”复选框。单击“新建”按钮，创建表间关联。

3）在建立关系后，可以看到在两张表的相同字段之间出现了一条关系线。用同样的方法建立"证券基本信息"表和其他两张表的关系，结果如图 7-5 所示。

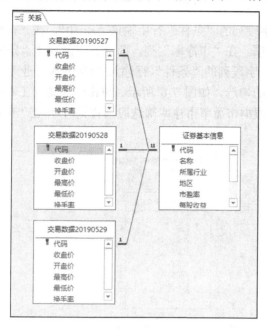

图 7-5　表间关联建立

步骤 5： 在查询过程中输入证券所属行业，筛选出市盈率小于等于 10，市净率小于等于 1 的股票，按市盈率升序排序。

说明：

1）计算字段。当需要统计的数据在表中没有相应的字段，或用于计算的数据值来源于多个字段时，应在设计网格中添加一个计算字段。计算字段是指根据一张或多张表中的一个或多个字段并使用表达式建立的新字段。创建计算字段的方法是在查询设计视图设计网格的"字段"行中直接输入计算字段及其计算表达式。

输入规则是"计算字段名:表达式"。

2）参数查询。动态指定参数的查询称为参数查询。创建参数查询的方法是在"条件"列输入方括号"[ ]"占位，并在其中输入提示文字。这样，查询运行时，会弹出一个提示框，用户输入信息替换"[ ]"占位的内容，动态地生成查询条件，再执行查询以获得用户需要的结果。

3）市净率=每股市价/每股净资产。

具体操作如下：

1）打开"证券交易数据管理"数据库，单击"创建"｜"查询"｜"查询设计"按钮，打开查询设计窗口和"显示表"对话框。在"显示表"对话框中选择"表"选项卡，双击"证券基本信息"表、"交易数据 20190529"表，将表添加到查询设计窗口中，关闭该对话框。

2）将"证券基本信息"表中的"代码""名称""所属行业""市盈率"字段，"交易数据 20190529"表中的"收盘价"字段添加到设计网格的"字段"行。

3）在表格中没有市净率的字段，因此需要进行计算字段设计。在设计网格空白列的"字段"行输入"市净率: Round([收盘价]/[每股净资],2)"，Round(*,2)的作用是保留小数点后两位。

4）在"市盈率"字段列的"条件"行中输入"<=10"，在"市盈率"字段列的排序列表框中选择"升序"选项。在"市净率"列，即计算字段列的"条件"行输入"<=1"。

5）在"所属行业"字段列的"条件"行输入"[请输入行业:]"，取消"所属行业"字段"显示"行中复选框的勾选，如图 7-6 所示。单击快速访问工具栏上的"保存"按钮，输入查询名称"按行业根据市盈率市净率筛选股票查询"，单击"确定"按钮，完成查询设计过程。

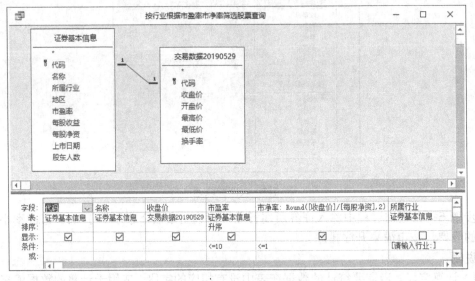

图 7-6　查询设计视图效果

6）在导航窗格展开查询对象，双击"按行业根据市盈率市净率筛选股票查询"，弹出"输入参数值"对话框，在"请输入行业:"文本框中输入"银行"，如图 7-7（a）所示，单击"确定"按钮，得到图 7-7（b）所示的筛选结果。

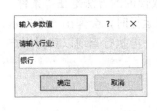

（a）"输入参数值"对话框　　　　　　　　　　（b）筛选结果

图 7-7　银行行业筛选

7）关闭数据视图窗口，再双击"按行业根据市盈率市净率筛选股票查询"，弹出"输入参数值"对话框，在"请输入行业:"文本框中输入"路桥"，如图 7-8（a）所示，单击"确定"按钮，得到图 7-8（b）所示的筛选结果。

（a）输入行业　　　　　　　　　　　　　（b）筛选结果

图 7-8　路桥行业筛选

步骤 6：在"证券交易数据管理"数据库中，先利用窗体设计视图创建一个"三天交易数据"主窗体，含代码、名称。再利用子窗体控件，创建 3 个包含在其中的"20190527交易数据"子窗体、"20190528 交易数据"子窗体、"20190529 交易数据"子窗体。3 个子窗体中的交易数据与主窗体中的证券代码、证券名称联动。

说明：窗体/子窗体又称阶层式窗体、主窗体/细节窗体或父窗体/子窗体，通常子窗体用来显示具有一对多关系的表或查询中的数据。如果将每个子窗体都放置在主窗体上，则主窗体可以包含多个子窗体，也可以创建二级子窗体。

具体操作如下：

1）打开"证券交易数据管理"数据库，在设计视图下创建一个空白窗体，单击"窗体布局工具-设计"｜"工具"｜"添加现有字段"按钮，弹出"字段列表"任务窗格，如图 7-9 所示。

2）选择"代码"和"名称"字段，在设计视图中进行布局，建立图 7-10 所示的"三天交易数据"窗体。

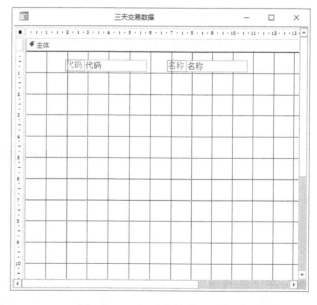

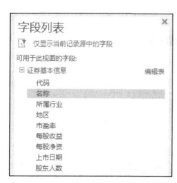

图 7-9　"字段列表"任务窗格　　　　　　　　图 7-10　"三天交易数据"窗体

3）先单击"窗体布局工具-设计"｜"控件"｜"其他"下拉按钮，在弹出的下拉菜单中选择"使用控件向导"命令，再单击"子窗体/子报表"按钮，在窗体中合适位置绘制子窗体轮廓，完成后自动弹出图 7-11 所示的"子窗体向导"对话框。

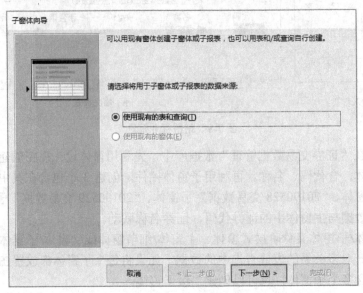

图 7-11　子窗体向导 1

4）点选"使用现有的表和查询"单选按钮，单击"下一步"按钮，打开图 7-12 所示的界面。

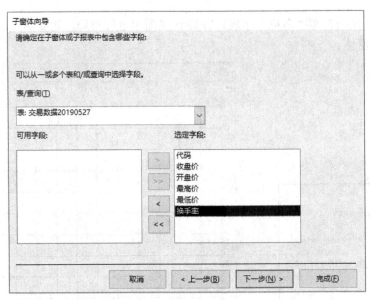

图 7-12　子窗体向导 2

5）在"表/查询"下拉列表框中选择"表：交易数据 20190527"选项，并将其所有字段选入窗体，然后单击"下一步"按钮，打开图 7-13 所示的界面。

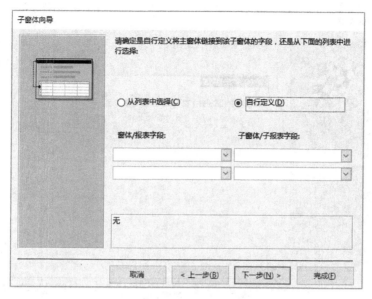

图 7-13　子窗体向导 3

6）点选"自行定义"单选按钮，在"窗体/报表字段"和"子窗体/子报表字段"下拉列表框中选择"代码"选项，如图 7-14 所示。

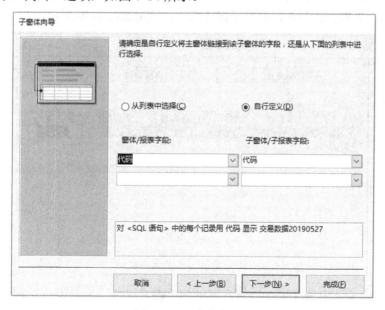

图 7-14　子窗体向导 4

7）单击"下一步"按钮，打开图 7-15 所示的界面，输入子窗体的名称"20190527 交易数据"。

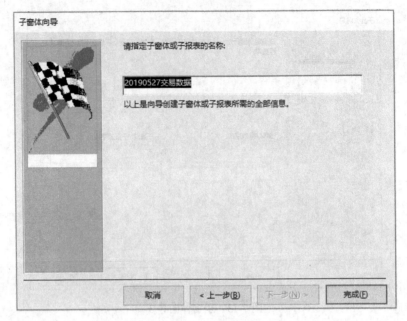

图 7-15　子窗体向导 5

8）单击"完成"按钮，切换到设计视图，针对子窗体中的"窗体"设置其属性，即记录选择器为否，导航按钮为否，调节子窗体大小，效果如图 7-16 所示。

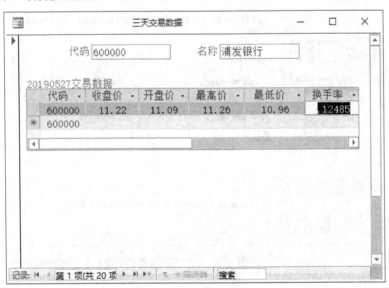

图 7-16　含一个子窗体的三天交易数据窗体

9）重复 3）～7），再添加两个子窗体，分别是"20190528 交易数据""20190529 交易数据"，完成后观察导航窗格中的窗体对象。可以看到，子窗体也出现在窗体对象列表中，如图 7-17 所示。通过主窗体导航按钮改变记录，可观察到所有三天交易数据根据代码的变化而变化，如图 7-18 所示。

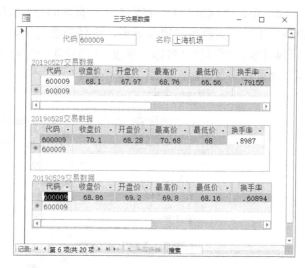

图 7-17　窗体对象列表　　　　　图 7-18　含 3 个子窗体的"三天交易数据"窗体

步骤 7：创建一个报表，以分行业显示股票的平均市盈率、市净率、涨幅。

1）在该"证券交易数据管理"数据库中，没有直接的"市净率""涨幅"字段，需要先建立一个多表查询。单击"创建" | "查询" | "查询设计"按钮，打开查询设计窗口和"显示表"对话框。在"显示表"对话框中选择"表"选项卡，双击"证券基本信息"表、"交易数据 20190528"表、"交易数据 20190529"表，将它们添加到查询设计窗口。

将"证券基本信息"表中的"代码""名称""市盈率"字段添加到设计网格的"字段"行。在设计网格的空白列的"字段"行输入"市净率: Round(([交易数据 20190529]![收盘价]/[每股净资]),2)"。

在设计网格的另一空白列的"字段"行输入"涨幅: Round((100*([交易数据 20190529]![收盘价]-[交易数据 20190528]![收盘价])/[交易数据 20190528]![收盘价]),2)"。将其保存为"股票市净率涨幅查询"，如图 7-19 所示。

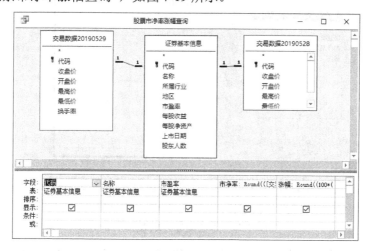

图 7-19　"股票市净率涨幅查询"查询设计

2）单击"创建"|"报表"|"报表向导"按钮，弹出"报表向导"对话框，在"表/查询"下拉列表框中指定数据源，选择需要的报表字段。这里选择"证券基本信息"表的"所属行业""代码""名称"字段，"股票市净率涨幅查询"中的"市盈率""市净率""涨幅"字段作为数据源，如图 7-20 所示。

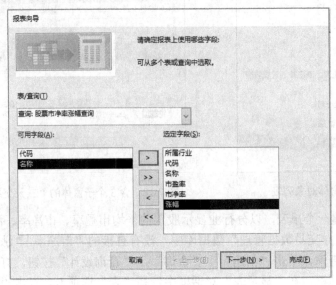

图 7-20　报表向导选定字段界面

3）单击"下一步"按钮，打开报表向导的添加分组级别界面，添加"所属行业"分组，如图 7-21 所示。

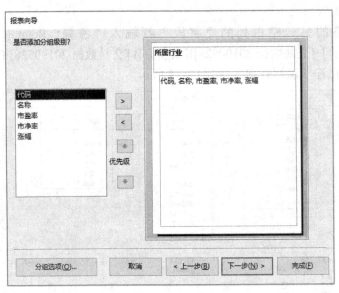

图 7-21　报表向导分组级别界面

4）单击"下一步"按钮，打开报表向导的排序与汇总界面，选择"代码"为第一排序字段，单击图 7-22 中的"降序"按钮，使其变为升序排列。

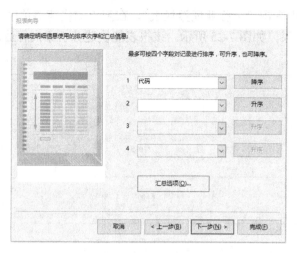

图 7-22　报表向导排序与汇总界面

5）单击"汇总选项"按钮，弹出"汇总选项"对话框，计算市盈率、市净率、涨幅的平均值，如图 7-23 所示。单击"确定"按钮，返回报表向导的排序与汇总界面。单击"下一步"按钮，打开报表向导的确定报表布局方式界面，这里布局选择"递阶"方式，方向选择"纵向"方式，勾选"调整字段宽度，以便使所有字段都能显示在一页中"复选框。单击"下一步"按钮，打开指定标题界面。为报表指定标题"分行业证券报表"。然后在设计视图中修改、调整。

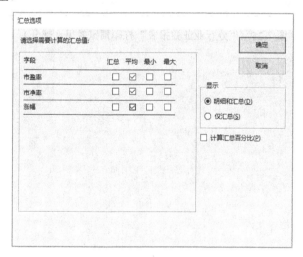

图 7-23　报表向导计算汇总

6）在设计视图中为"所属行业页脚"部分添加分隔线，如图 7-24 所示。完成报表设计。

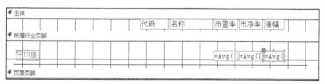

图 7-24　添加分隔线

7）在导航窗格中右击"分行业证券报表"，在弹出的快捷菜单中选择"打印预览"命令，显示打印预览效果，如图 7-25 所示。该报表能快速分析不同行业的市盈率、市净率，判断投资价值。

所属行业	代码	名称	市盈率	市净率	涨幅
行业市盈率、市净率、涨幅报表					
港口					
	600017	日照港	10.11	.82	0
	600018	上港集团	22.85	2.2	-1.43
平均值			16.48	1.51	-.72
环境保护					
	600008	首创股份	42.59	1.75	.87
平均值			42.59	1.75	.87
火力发电					
	600011	华能国际	9.37	1.31	.96
	600021	上海电力	20.15	1.35	-.48
	600023	浙能电力	14.79	1	-1.69
平均值			14.77	1.22	-.40
机场					
	600004	白云机场	36.56	2.06	-.75
	600009	上海机场	23.84	4.46	-1.77
平均值			30.2	3.27	-1.26
路桥					
	600012	皖通高速	9	1	.32
	600020	中原高速	7.19	1.34	-.34
平均值			8.095	1.17	-.01

图 7-25　"分行业证券报表"打印预览效果（部分）

参 考 文 献

卞诚君，2016. 完全掌握 Windows 10+Office 2016 高效办公[M]. 北京：机械工业出版社.

创客诚品，2017. Office 2016 高效办公实战技巧辞典[M]. 北京：北京希望电子出版社.

方其桂，2017. Camtasia Studio 微课制作实例教程[M]. 北京：清华大学出版社.

教育部考试中心，2018. 全国计算机等级考试二级教程：Access 数据库程序设计（2019 年版）[M]. 北京：高等教育出版社.

教育部考试中心，2018. 全国计算机等级考试二级教程：MS Office 高级应用上机指导（2019 年版）[M]. 北京：高等教育出版社.

教育部考试中心，2018. 全国计算机等级考试二级教程：Python 语言程序设计（2019 年版）[M]. 北京：高等教育出版社.

李晓斌，2018. 微课、慕课设计与制作一本通[M]. 北京：电子工业出版社.

王珊，张俊，2015. 数据库系统概论习题解析与实验指导[M]. 5 版. 北京：高等教育出版社.

张凯，刘益和，2017. 现代教育技术及应用任务驱动教程[M]. 北京：中国水利水电出版社.